JIS逆引きリファレンス
熱処理技術

はじめに

　熱処理技術は，製品・部品に使用される素材の特性を高めることを目的として、金属などを加熱・冷却することで硬度や性質を変化させる技術です。現在では、一般機械、電気機械、輸送機械、精密機械、金属製品などの産業分野で広く利用されています。

　日本工業規格（JIS）においても，熱処理技術に必要なJISが規定され，熱処理に関する設計，製造，施工などに運用されています。

　一方，熱処理のJISは，その方法や用途に応じて規格が多岐にわたることから，特に経験の浅い設計者や技術者は，JISの規定内容を迅速かつ適切に調べることに苦慮されているという実情があります。

　本書では，熱処理に関わる設計や施工の現場において，知りたい事柄や調べたい事柄をキーワードとしてピックアップしております。JISを調べる場合，通常はJIS規格票やJISハンドブックなどからJISごとに確認できますが，本書では，"知りたい，調べたいキーワード"から，JISの規定内容を参照できるように構成されています。また，本書の巻末に収録した索引には，JISに規定された項目のほか，JISを適切に理解するためのキーポイントを含めております。

　本書では，熱処理技術に関するクロスリファレンスとともに，関係するJISを正しく理解していただくことも意図しております。JISの適切な理解に役立つコメント（本文"解説"に記載）も併せて参照ください。

　本書に収録したJIS一覧を巻末に収録しました。当該JISの年号の確認などにご利用ください。なお，JISの規定内容を実際に利用される場合は，JIS規格票やJISハンドブックを参照されることをお勧めいたします。熱処理に関する設計者や技術者の座右の書として，本書をご活用いただければ幸甚に存じます。

　最後に本書の執筆にご協力をいただいた高橋宗悟氏に感謝の意を表します。

2013年1月

山方　三郎

目次

はじめに …………………………………………………………… 3

Chapter 1　加工方法

01　鉄鋼の焼ならしを知る …………………………………… 10
02　鉄鋼の焼なましを知る …………………………………… 13
03　鉄鋼の高周波焼入焼戻し加工を知る …………………… 17
04　鉄鋼の焼入焼戻しを知る ………………………………… 20
05　鉄鋼の浸炭焼入焼戻し加工を知る ……………………… 23
06　鉄鋼の浸炭窒化加工を知る ……………………………… 26
07　鉄鋼の窒化加工を知る …………………………………… 28
08　鉄鋼の軟窒化加工を知る ………………………………… 31
09　溶接後の熱処理方法を知る ……………………………… 34

Chapter 2　試験方法・測定方法

01　有効加熱帯を知る ………………………………………… 38
02　有効処理帯試験を知る …………………………………… 42
03　結晶粒度の顕微鏡試験を知る …………………………… 44
04　鋼のマクロ組織試験を知る ……………………………… 47
05　鋼の非金属介在物の試験を知る ………………………… 50
06　鋼の地きず試験を知る …………………………………… 52
07　鋼の脱炭層深さ測定を知る ……………………………… 54
08　鋼のサルファプリント試験を知る ……………………… 57
09　鋼の焼入性試験を知る …………………………………… 59
10　鋼の浸炭硬化層深さ測定を知る ………………………… 62
11　鉄鋼の窒化層深さ測定を知る …………………………… 65

12	鋼の花火試験を知る	69
13	鉄鋼の窒化層表面硬さ測定を知る	73
14	鋼の炎焼入硬化層深さ測定を知る	75
15	鋼の高周波焼入硬化層深さ測定を知る	78
16	金属材料の引張試験を知る	81
17	金属材料のシャルピー衝撃試験を知る	83
18	金属材料のブリネル硬さ試験を知る	84
19	金属材料のビッカース硬さ試験を知る	86
20	金属材料のロックウェル硬さ試験を知る	89
21	金属材料のショア硬さ試験を知る	91
22	金属材料のヌープ硬さ試験を知る	93
23	磁粉探傷試験の一般通則を知る	96
24	磁粉探傷試験の検出媒体を知る	98
25	目視基準ゲージを知る	100
26	浸透探傷試験を知る	102
27	浸透探傷試験の浸透探傷を知る	104
28	浸透探傷試験の対比試験片を知る	106
29	ガラス製温度計による温度測定を知る	108
30	光高温計による温度測定を知る	110
31	温度計による温度測定を知る	112
32	温度測定を知る	113

Chapter 3　試験機・測定器

01	マイクロメータを知る	116
02	ダイヤルゲージを知る	118
03	ノギスを知る	120
04	直定規を知る	122
05	すきまゲージを知る	125

06	ブリネル硬さ試験機の検証を知る	127
07	ビッカース硬さ試験機の検証を知る	129
08	ロックウェル硬さ試験機の検証を知る	131
09	ショア硬さ試験機の検証を知る	133
10	ヌープ硬さ試験機の検証を知る	134
11	シャルピー衝撃試験機の試験片を知る	136
12	絶縁抵抗計を知る	138
13	熱電対を知る	140
14	測温抵抗体を知る	144
15	シース熱電対を知る	147
16	熱電対用補償導線を知る	149
17	赤外線ガス分析計を知る	151

Chapter 4　加工材料

01	機械構造用炭素鋼鋼材を知る	154
02	構造用鋼鋼材（H鋼）を知る	156
03	機械構造用合金鋼鋼材を知る	159
04	ステンレス鋼棒を知る	162
05	炭素工具鋼鋼材を知る	166
06	高速度工具鋼鋼材を知る	169
07	合金工具鋼鋼材を知る	173
08	ばね鋼鋼材を知る	180
09	高炭素クロム軸受鋼鋼材を知る	183
10	炭素鋼鍛鋼品を知る	185
11	炭素鋼鋳鋼品を知る	188
12	構造用高張力炭素鋼を知る	191
13	低合金鋼鋳鋼品を知る	195
14	ねずみ鋳鉄品を知る	199

15	球状黒鉛鋳鉄品を知る	202
16	オーステンパ球状黒鉛鋳鉄品を知る	206
17	熱処理油を知る	208

索　引 ………………………………………………………… 211
熱処理技術関係収録 JIS 一覧 ………………………………… 220

CHAPTER 1
加工方法

01 鉄鋼の焼ならしを知る

鉄鋼の焼ならしは，JIS B 6911（鉄鋼の焼ならし及び焼なまし加工）に規定されています。

【規定内容】

鉄鋼の**焼ならし加工**については，JIS B 6911（鉄鋼の焼ならし及び焼なまし加工）に規定されています。

なお，焼ならしの具体的な処理条件，処理目的などについては本書の【解説】を参照ください。

加工の種類と記号

焼ならし加工は1種類のみ規定されています。

加工の種類及び記号（JIS B 6911）

加工の種類	記号
焼ならし	HNR
完全焼なまし	HAF
等温焼なまし	HAI
軟化焼なまし	HASF
低温焼なまし	HAL
応力除去焼なまし	HAR
球状化焼なまし	HAS

加工材料

炭素鋼から合金鋼，鋳鉄，快削鋼まで幅広く規定しています。さらに，加工材料の履歴，外観，質量，形状や受け入れ時の確認事項などについて規定しています。

加工設備

各規定内容のポイントは，以下のとおりです。

加工材料の種類（JIS B 6911）

規格番号	種類の記号
a) 棒鋼，形鋼，鋼板，鋼帯	
JIS G 3115	SPV235，SPV315，SPV355，SPV410，SPV450，SPV490
JIS G 3118	SGV410，SGV450，SGV480
JIS G 3119	SBV1A，SBV1B，SBV2，SBV3
JIS G 3124	SEV245，SEV295，SEV345
JIS G 3126	SLA235A，SLA235B，SLA325A
JIS G 3127	SL2N255，SL3N255，SL3N275，SL9N520
JIS G 4109	SCMV1，SCMV2，SCMV3，SCMV4，SCMV5，SCMV6

① 加熱設備は，加熱方法，作業形式，連続・非連続問わず加工材料を加熱する時，保持温度が目的温度に対して JIS B 6901（金属熱処理設備－有効加熱帯及び有効処理帯試験方法）のクラスの許容差内に保持できなければならない。

② 空気炉や燃料燃源などにより加工材料の品質が著しく損なってはならない。

③ 雰囲気炉の雰囲気ガス組成は，加工の目的に適するように調整できなければならない。

④ 熱浴槽，真空炉，流動層炉など。

⑤ 温度制御設備や設備の保全。

加工方法

加工材料，加工の種類，加工の品質に応じて，使用する加工設備，加工材料の装入方法そして加熱，冷却，加工後の処理などが規定されています。

加工の品質

表面の割れやきずの有無の外観確認，表面硬さバラツキ測定，金属組織，変形測定などを行うこととし，その試験方法と結果を記録することが規定されています。

加工の呼び方や表示方法

例えば，焼ならし品質区分1号の場合

　例1　焼ならし　1号

　例2　HNR-1

【解 説】

熱処理の基本は「**赤めて冷やす**」加工方法です。加熱温度，冷却の仕方により鉄鋼材料は様々な様相を示します。その処理方法は，目的に応じて次のように分類されます。焼ならしは，このうちの標準化処理に分類されます。

① 標準化処理
② 硬化・強靭化処理
③ 表面硬化処理

鉄鋼材料は，その製造過程で鋳造，鍛造，引き抜き，圧延などの工程を経た後，製品化のために機械加工されます。このような過程で多くの残留応力が蓄積されます。さらに組織が乱れたり，結晶粒度が不均一になったり，成分の不均一を起こします。このような状態（**偏析**といいます）のまま機械装置などに部品として組み込むと使用中に変形や破損などの不具合が生じやすくなります。

そこで鉄鋼材料が持っている本来の姿に戻してあげる処理が標準化処理です。

① 焼ならし処理の目的は，組織の標準化，機械的強度を高める，被削性を向上させる。
② 処理方法は亜共析鋼は Ac_3 線上 +40〜60℃，共析鋼と過共析鋼は Ac_{cm} 線以上 +40〜60℃に加熱・保持後，空冷します。
③ オーステナイト化から空冷されると析出した層状パーライトは，その間隔が狭くなり，硬さが上がることで機械的強度が向上します。硬さが上がることにより被削性も向上します。焼入れほどの硬さが上がるわけではなく，焼きなましのように軟らかすぎることもないほどほどの硬さといえます。
④ 過共析鋼の組織は，通常，網状セメンタイトが析出しています。その組織で焼入れすると粒界にセメンタイトが残留することで不具合の要因になります。それに対し，焼きならし処理を行うと，セメンタイトは細かくなることから後処理が容易になります。
⑤ 合金鋼，高合金鋼では，空冷でも十分焼入れされる自硬性の高い材料の場合は焼戻しをします。これを**ノルマ・テンパー**といいます。

02 鉄鋼の焼なましを知る

鉄鋼の焼なましは，JIS B 6911（鉄鋼の焼ならし及び焼なまし加工）に規定されています。

【規定内容】

鉄鋼の**焼なまし加工**については，JIS B 6911（鉄鋼の焼ならし及び焼なまし加工）に規定されています。

なお，焼ならしの具体的な処理条件，処理目的などについては本書の【解説】を参照ください。

加工の種類と記号

焼なまし加工は6種類が規定されています。

加工の種類及び記号（JIS B 6911）

加工の種類	記号
焼ならし	HNR
完全焼なまし	HAF
等温焼なまし	HAI
軟化焼なまし	HASF
低温焼なまし	HAL
応力除去焼なまし	HAR
球状化焼なまし	HAS

加工材料

炭素鋼から合金鋼，鋳鉄，快削鋼まで，幅広く規定されています。さらに，加工材料の履歴，外観，質量，形状や受け入れ時の確認事項などが規定されています。

加工材料の種類（JIS B 6911）

規格番号	種類の記号
a) 棒鋼，形鋼，鋼板，鋼帯	
JIS G 3115	SPV235, SPV315, SPV355, SPV410, SPV450, SPV490
JIS G 3118	SGV410, SGV450, SGV480
JIS G 3119	SBV1A, SBV1B, SBV2, SBV3
JIS G 3124	SEV245, SEV295, SEV345
JIS G 3126	SLA235A, SLA235B, SLA325A
JIS G 3127	SL2N255, SL3N255, SL3N275, SL9N520
JIS G 4109	SCMV1, SCMV2, SCMV3, SCMV4, SCMV5, SCMV6

加工設備

各規定内容のポイントは，以下のとおりです。

① 加熱設備は，加熱方法，作業形式，連続・非連続問わず加工材料を加熱する時，保持温度が目的温度に対して JIS B 6901（金属熱処理設備－有効加熱帯及び有効処理帯試験方法）のクラスの許容差内に保持できなければならない。

② 空気炉や燃料燃源などにより加工材料の品質が著しく損なってはならない。

③ 雰囲気炉の雰囲気ガス組成は，加工の目的に適するように調整できなければならない。

④ 熱浴槽，真空炉，流動層炉など。

⑤ 温度制御設備や設備の保全。

加工方法

加工材料，加工の種類，加工の品質に応じて，使用する加工設備，加工材料の装入方法そして加熱，冷却，加工後の処理などが規定されています。

加工の品質

表面の割れやきずの有無の外観確認，表面硬さバラツキ測定，金属組織，変形測定などを行うこととし，試験方法とその結果を記録することが規定されています。

加工の呼び方や表示方法

例えば，球状化焼なまし品質の区分1号の場合

　例1　球状化焼なまし　1号

　例2　HAS－1

【解　説】

完全焼なまし

通常，焼なましというと，完全焼なましを示します。

(1) 加工目的　加工材料は，製造過程や機械加工などで多くの加工応力が残留しています。その応力により組織の乱れ，結晶粒度や化学成分の不均一（偏析）が生じます。

このままで使用すると機械装置組み込み後の稼働中や熱処理の焼入れ，浸炭焼入れにおいて，変形や不具合発生の要因となります。

① 組織を標準化

② 結晶粒度を均一

③ 加工応力の除去

④ 軟化

などを目的とした処理が完全焼なましです。

(2) 処理方法　亜共析鋼（0.02~0.77%C）は Ac_3 以上 +30~50℃，共析鋼・過共析鋼は Ac_3+30~50℃に加熱します。冷却は炉冷却の徐冷です。表面の赤みが薄れる550℃を過ぎれば空冷しても差し支えありません。徐冷された鋼の組織は，フェライト＋パーライト，そしてフェライト＋球状炭化物の組織となります。しかし，パーライトの間隔が焼ならしの組織よりやや粗くなり硬さが低くなります。

等温焼なまし

(1) 加工目的　完全焼なまし処理は，炉冷却ですので長時間かかります。そこで等温変態曲線の鼻部（ノーズ）のやや上の変態時間の短い部分を利用する方法です。目的は，

① 処理時間の短縮

② 被削性の向上

③ 組織の標準化

などです。

(2) 処理方法 処理温度は完全焼なましと同様ですが，オーステナイト化に加熱後 600~700℃，すなわち TTT 曲線の鼻部（ノーズ）部分より 50~150℃ 上の比較的変態の速いところを利用して行う処理です。オーステナイト化から 600~700℃に保持し 30 ～ 60 分位で変態は終了します。その後は空冷してもかまいません。この時，600 ～ 700℃に均一に保持するのが難しく，ベーナイトが析出することで切削性が悪くなります。

応力除去焼なまし

(1) 加工目的 機械加工や冷間鍛造，溶接などで内部応力が残ることから，その後の使用や熱処理で変形などの不具合が生じやすくなります。そこで，

① 内部応力（残留応力）を除去
② 軟化
③ 結晶粒の整粒化

などを目的として行われます。

(2) 処理方法 応力除去焼なましは，**低温焼なまし**，あるいは**軟化焼なまし**ともいわれています。通常，A1 線下の 700℃以下の 600 ～ 700℃で行われます。鉄は 450℃に再結晶温度があり，これ以上に加熱されるとそれまでの結晶は，解消されて新たな結晶が構成されます。この時，それまでの残留応力が開放されるとともに軟化します。これらの処理は，その後の焼入れや浸炭焼入れによる変形や，結晶粒粗大化などの防止に効果があります。

球状化焼なまし

(1) 加工目的 亜共析鋼は，常温でフェライトと層状パーライト，共析鋼では，層状パーライトのみ，過共析鋼では，網状セメンタイトと層状パーライトの各組織を示しています。過共析鋼をこの組織で焼入れ，操作を行うと粒界に網状のセメンタイトが残留することにより，セメンタイトが切欠け効果となり破壊の原因となります。また，層状パーライトの組織の鋼材を冷間鍛造加工すると筋状のセメンタイトから亀裂が入ったり，金型を傷めたりする不具合が生じます。そこで層状パーライトのセメンタイトを球状（粒状）にする処理が球状化焼なましです。

03 鉄鋼の高周波焼入焼戻し加工を知る

鉄鋼の高周波焼入焼戻しは，JIS 6912（鉄鋼の高周波焼入焼戻し加工）に規定されています。

【規定内容】

鉄鋼の**高周波焼入焼戻し加工**については，JIS B 6912（鉄鋼の高周波焼入焼戻し加工）に規定されています。また，鉄鋼の高周波焼入焼戻しを次のように定義しています。

「鉄鋼製品の表面全体又は部分の表面硬化を目的として，誘導加熱によって Ac_3 点又は Ac_1 点以上の適切な温度に加熱した後，適切な冷却剤で冷却し（焼入れ），更に硬さを調節し，じん（靭）性を増すために，Ac_1 点以下の適切な温度に通常の焼戻し，炉中で加熱した後，冷却する（焼戻し）処理。焼戻しは高周波焼戻しも含む。」

加工の種類及び記号

加工の種類として 3 種類が規定されています。

加工の種類及び記号（JIS B 6912）

加工の種類	記号[1]
高周波焼入焼戻し[2]	HQI—HT
高周波焼入れ・高周波焼戻し	HQI—HTI
高周波焼入れ	HQI

注[1] 記号は，JIS B 0122に準拠する。
 [2] 焼戻炉による通常の焼戻しをいう。

定義に記述されているように，焼戻し方法としては，加熱炉を用いる方法と高周波による方法があります。

加工材料の種類

加工材料の種類が規定されています。

加工材料の種類（JIS B 6912）

規格番号	種類の記号
a) 機械構造用炭素鋼・合金鋼	
JIS G 4051	S20C, S22C, S25C, S28C, S30C, S33C, S35C, S38C, S40C, S43C, S45C, S48C, S50C, S53C, S55C, S58C
JIS G 4052	SMn433H, SMn438H, SMn443H SMnC443H SCr430H, SCr435H, SCr440H SCM435H, SCM440H, SCM445H SNC631H
JIS G 4053	SMn433, SMn438, SMn443 SMnC443 SCr430, SCr435, SCr440, SCr445 SCM430, SCM432, SCM435, SCM440, SCM445 SNC236, SNC631, SNC836 SNCM240, SNCM431, SNCM439, SNCM447, SNCM625, SNCM630
b) 特殊用途鋼	
JIS G 4303	SUS403, SUS420J1, SUS420J2
JIS G 4311	SUH1, SUH3, SUH4
JIS G 4401	SK140, SK120, SK105, SK95, SK90, SK85, SK80, SK75, SK70, SK65, SK60
JIS G 4404	SKS2, SKS5, SKS51, SKS4, SKS41, SKS43, SKS44, SKS3, SKS31
JIS G 4801	SUP6, SUP7, SUP9, SUP9A, SUP10, SUP11A
JIS G 4805	SUJ2, SUJ3, SUJ4, SUJ5

加工設備

高周波焼入れは，一般の焼入れと異なり各種の装置が必要です。高周波発振装置（数種類あります），焼入機そして焼戻炉などの精度が規定されています。また，冷却剤の使用温度許容値が規定されています。

【解　説】

高周波焼入れ

高周波焼入れは，鉄鋼部品の必要な箇所に耐摩耗性，耐疲労性を与えるために，その部分のみを焼入れする方法です。加熱方法は，一般の全体焼入れ，いわゆるズブ焼入れとは異なります。

その原理は，交流電流が流れるコイル（銅製・誘導子）の中に強磁性の鉄鋼部品を置くと，そこに誘導電流が流れます。この電流から発生するジュール熱により鉄鋼部品の表面が加熱されるのです。これを**誘導加熱**といいます。

加熱された部品に水や水溶性冷却剤をコイルと一体になっている冷却ジャケットから噴射したり，部品を1個ずつ油に投入して急冷・焼入れする処理が高周波焼入れです。

　通常，用いられる周波数は1〜500kHzの広範囲です。周波数が高いほど電流は表面層だけに流れる（表皮効果）ことから，焼入硬化層は浅くなります。深い硬化層を得るには周波数を低くします。高周波焼入れは，数秒での急速加熱，急冷のため，全体焼入れの処理温度より約50〜100℃高めで処理されます。

加熱炉方式と高周波方式

　焼戻しは，通常150〜180℃で行われますがその加熱方法として**加熱炉方式**と**高周波方式**があります。前者は一般に60〜90分加熱されるのに対して，後者は10数秒〜数100秒と短いことから，硬さ，組織を比較観察して採用しています。

04 鉄鋼の焼入焼戻しを知る

鉄鋼の焼入焼戻しは，JIS B 6913（鉄鋼の焼入焼戻し加工）に規定されています。

【規定内容】

鉄鋼の**焼入焼戻し加工**については，JIS B 6913（鉄鋼の焼入焼戻し加工）に規定されています。

しかし，規定内容としては，焼入れや焼戻しの原理や各種鉄鋼材料の具体的な熱処理条件については記述されていません。ここでは，加工の種類及び記号，各種鉄鋼材料の種類と熱処理加工設備，冷却剤の使用温度許容差などについて規定しています。

加工の種類及び記号

加工の種類とその記号が規定されています。

加工の種類及び記号（JIS B 6913）

加工の種類	記号([1])
水焼入焼戻し	HQW-HT
水溶液焼入焼戻し	HQP-HT
油焼入焼戻し	HQO-HT
空気焼入焼戻し	HQA-HT
ガス焼入焼戻し	HQG-HT
熱浴焼入焼戻し	HQS-HT
マルテンパ焼戻し	HQM-HT
オーステンパ	HQAU

注([1]) JIS B 0122に準拠する。

加熱設備

加熱設備としては，空気炉，熱浴槽，雰囲気炉，真空炉，流動層炉などが規定されています。

加工材料の種類

加工材料の種類が規定されています。

加工材料の種類（JIS B 6913）

規格番号	種類の記号
a) 棒鋼，形鋼，鋼板，鋼帯	
JIS G 3115	SPV450, SPV490
JIS G3120	SQV1A, SQV1B, SQV2A, SQV2B, SQV3A, SQV3B
JIS G 3126	SLA325B, SLA365, SLA410
JIS G 3127	SL3N440, SL5N590, SL9N590
JIS G 3128	SHY685, SHY685N, SHY685NS
b) 鋼管	
JIS G 3441	SCM430TK, SCM435TK, SCM440TK
JIS G 3445	STKM15A, STKM15C, STKM16A, STKM16C, STKM17A, STKM17C
JIS G 3446	SUS410TKA, SUS420J1TKA, SUS420J2TKA, SUS410TKC
JIS G 3460	STPL380, STPL450, STPL690
JIS G 3464	STBL380, STBL450, STBL690

冷却剤の温度許容差

焼入れ加工において，冷却剤の選択は極めて重要です。温度管理が大きなポイントとなります。その使用温度の許容差が規定されています。

冷却剤の使用温度許容差（JIS B 6913）

単位 ℃

焼入冷却設備	冷却剤の使用温度許容差
水又は水溶液槽	目的温度±10
油槽	目的温度±20
熱浴槽	目的温度±10
空気又はガス流域	特に指定がない限り室温とする

備考　表中の目的温度とは，冷却剤の使用温度の範囲の中心温度をいう。

【解　説】

鉄鋼製品の硬化，機械的強度の向上を目的とした焼入焼戻し加工は，熱処理の中心的な処理です。亜共析鋼は Ac_3 線以上，共析鋼，過共析鋼は Ac_1 線以上 30

〜50℃に加熱しオーステナイト1相，もしくはオーステナイト＋炭化物の組織にした後，水，油，水溶性，塩浴やガスなどで急冷する操作を**焼入れ**といいます。マルテンサイトというα—固溶体に炭素を強制固溶された極めて硬い組織が得られます。

このままでは硬すぎて脆いことから，Ac_1線以下の温度150〜700℃で加熱します。これが**焼戻し**です。焼戻し温度が上がるにつれ硬さは下がります。しかし，靱性（粘り）は向上します。低温で焼戻しする焼入焼戻しを通常，**焼入焼戻し加工**と呼びます。

これに対して500〜650℃で焼戻しを行う焼入焼戻し加工を**調質**と呼んでいます。各加工材料の具体的な熱処理条件の焼入温度や冷却方法，焼戻し温度については，第4章（加工材料）で説明しています。

05 鉄鋼の浸炭焼入焼戻し加工を知る

鉄鋼の浸炭焼入焼戻し加工は、JIS B 6914（鉄鋼の浸炭及び浸炭窒化焼入焼戻し加工）に規定されています。

【規定内容】

鉄鋼の**浸炭焼入焼戻し加工**については，JIS B 6914（鉄鋼の浸炭及び浸炭窒化焼入焼戻し加工）に規定されています。加工材料，浸炭加熱設備，浸炭材，焼入加熱設備，焼入冷却設備，焼戻し加熱設備などについて規定しています。また，加熱設備や焼入冷却剤等の温度許容値，許容差について規定しています。なお，浸炭原理や具体的な処理条件などについては，規定されていません。

加工の種類及び記号

浸炭加工方法としてガス，真空，プラズマ，液体の各浸炭焼入焼戻しが挙げられており，加工の種類と記号が規定されています。

加工の種類及び記号（JIS B 6914）

加工の種類		記号(1)
浸炭	ガス浸炭焼入焼戻し	HCG−HQ−HT
	真空浸炭焼入焼戻し	HCV−HQ−HT
	プラズマ浸炭焼入焼戻し	HCP−HQ−HT
	液体浸炭焼入焼戻し	HCL−HQ−HT
浸炭窒化	ガス浸炭窒化焼入焼戻し	HCNG−HQ−HT
	真空浸炭窒化焼入焼戻し	HCNV−HQ−HT
	プラズマ浸炭窒化焼入焼戻し	HCNP−HQ−HT

注(1) 記号はJIS B 0122に準拠する。

備考 滴注浸炭焼入焼戻しは，ガス浸炭焼入焼戻しに，また，滴注浸炭窒化焼入焼戻しは，ガス浸炭窒化焼入焼戻しに含める。

加工材料

加工材料としては，機械構造用炭素鋼，機械構造用合金鋼の炭素含有 0.2% 以下の肌焼鋼として，加工材料の種類が規定されています。

加工材料の種類（JIS B 6914）

規格番号	種類の記号
a) 機械構造用炭素鋼・合金鋼	
JIS G 4051	S09CK, S15CK, S20CK
JIS G 4052	SMn420H
	SMnC420H
	SCr415H, SCr420H
	SCM415H, SCM418H, SCM420H, SCM822H
	SNC415H, SNC815H
	SNCM220H, SNCM420H
JIS G 4053	SMn420
	SMnC420
	SCr415, SCr420
	SCM415, SCM418, SCM420, SCM421, SCM822
	SNC415, SNC815
	SNCM220, SNCM415, SNCM420, SNCM616, SNCM815
b) 特殊用途鋼	
JIS G 4303	SUS316, SUS403, SUS420J1, SUS420J2
c) 鋳鋼品	
JIS G 5101	SC360
d) 機械構造部品用焼結材料	
JIS Z 2550	SMF2015, SMF2025, SMF2030, SMF7020, SMF7025

加工設備

（1）浸炭加熱設備 加熱設備は，その有効加熱帯又は有効処理帯で加工材料を加熱する時，保持温度が目的温度に対して，加工品の品質区分（1号，2号）のいずれかの保持温度許容差内になければならないと規定しています。

加熱設備の温度許容値（JIS B 6914）

加工品の品質区分	保持温度許容差
1号	±10
2号	±15

浸炭加熱設備としては，ガス浸炭炉，滴注浸炭炉，真空浸炭炉，プラズマ浸炭炉，液体浸炭槽を示し，各炉が加工目的に合った雰囲気の調整ができることを規定しています。

焼入冷却設備

各種焼入設備，使用する各冷却剤の温度許容差が規定されています。

冷却剤の使用温度許容差（JIS B 6914）

焼入冷却設備	冷却剤の使用温度許容差
水又は水溶液槽	目的温度±10
油槽	目的温度±20
熱浴槽	目的温度±10
空気又はガス流域	特に指定がない限り室温とする。

備考　表中の目的温度とは，冷却剤の使用温度の範囲の中心温度をいう。

焼戻し加熱設備

焼戻し加熱設備も浸炭加熱設備と同様に有効加熱帯で加熱する時の加熱設備の温度許容値が規定されています。

【解　説】

浸炭焼入焼戻し加工

機械構造用部品の機械的強度強化として，多く用いられている表面硬化熱処理加工方法の一つです。加工材料に浸炭加工するには次の3条件が必要です。

① 加工材料はオーステナイト化に加熱されていること。
② 加工材料は肌焼鋼であること。
③ 雰囲気ガスとしてCOガス，炭化水素系ガスであること。

浸炭の原理

ガス浸炭・液体浸炭は，COガスによる平衡反応です。真空浸炭やプラズマ浸炭は，炭化水素系ガスによる非平衡反応での直接浸炭や炭素イオンによる直接浸炭です。その利用度は，圧倒的にガス浸炭ですが，真空浸炭も利用分野が増えてきています。低炭素鋼の表面近傍に先の反応で炭素を侵入拡散させ増炭させた後，焼入れを行います。増炭した表面近傍は，マルテンサイト組織となり硬さが上昇します。内部は低炭素のままですから焼入れされず靭性が維持されます。低温（150〜180℃）で焼戻しを行い，高い表面硬さを維持し，機械的強度を向上させる加工です。

chapter 1　●　25

06 鉄鋼の浸炭窒化加工を知る

鉄鋼の浸炭窒化加工は，JIS B 6914（鉄鋼の浸炭及び浸炭窒化焼入焼戻し加工）に規定されています。

【規定内容】

鉄鋼を浸炭窒化し，焼入焼戻しする加工については，JIS B 6914（鉄鋼の浸炭及び浸炭窒化焼入焼戻し加工）に規定されています。ここでは，浸炭窒化の原理や具体的な加工条件については何ら記載されていません。なお，規定内容は，加工の種類と記号以外は，前節（浸炭焼入焼戻し加工）と同様です。

加工の種類と記号

加工の種類としては，ガス，真空，プラズマの各浸炭窒化焼入焼戻しがあります。

加工の種類及び記号（JIS B 6914）

加工の種類		記号[1]
浸炭	ガス浸炭焼入焼戻し	HCG—HQ—HT
	真空浸炭焼入焼戻し	HCV—HQ—HT
	プラズマ浸炭焼入焼戻し	HCP—HQ—HT
	液体浸炭焼入焼戻し	HCL—HQ—HT
浸炭窒化	ガス浸炭窒化焼入焼戻し	HCNG—HQ—HT
	真空浸炭窒化焼入焼戻し	HCNV—HQ—HT
	プラズマ浸炭窒化焼入焼戻し	HCNP—HQ—HT

注[1] 記号は JIS B 0122 に準拠する。

備考 滴注浸炭焼入焼戻しは，ガス浸炭焼入焼戻しに，また，滴注浸炭窒化焼入焼戻しは，ガス浸炭窒化焼入焼戻しに含める。

【解 説】

浸炭窒化加工は，炭素と同時に窒素を浸透拡散させる加工です。窒素が浸透拡散することにより A1 点が低温側になるので焼入性が向上します。そのため，焼入れ温度を浸炭焼入れより少し下げることができることから，歪（変形・変寸）

を抑えることできます。

　雰囲気は，従来の浸炭雰囲気にアンモニアガスを約 0.5 〜 3% 添加し，その分解した発生期の窒素を浸透拡散させます。アンモニアガスを入れすぎると最表面に**ボイド（孔）**が生成し，部品として使用できなくなるので注意が必要です。

　通常，0.1 〜 05m/m の硬化層深さが多いことから，処理温度は 820 〜 880℃ あたりが使われ，その後，直接その温度から焼入れされます。低炭素鋼，冷間圧延鋼板，熱間圧延鋼板材部品に用いられています。

　最近は，肌焼鋼にも積極的に用いられています。浸炭窒化による硬化層は浸炭の硬化層に比較し，窒素が入ることから，硬さが高くなります。しかし，表面近傍に残留オーステナイトが生成しやすくなります。

07 鉄鋼の窒化加工を知る

鉄鋼の窒化加工は，JIS B 6915（鉄鋼の窒化及び軟窒化加工）に規定されています。

【規定内容】

鉄鋼の**窒化加工**については，JIS B 6915（鉄鋼の窒化及び軟窒化加工）に規定されています。JIS B 6905（金属製品熱処理用語）では，**窒化**（2411）を次のように説明しています。

「金属製品の表面層に窒素を拡散させ，表面層を硬化する処理」

窒化は，窒素のみを拡散させる方法で，次節（軟窒化）の説明と比較してみてください。

窒化設備

窒化設備としてガス窒化設備，プラズマ窒化設備が規定されています。

加工の種類及び記号

加工の種類としては，ガス窒化，プラズマ窒化などが規定されています。

加工の種類及び記号（JIS B 6915）

加工の種類	記号
ガス窒化	HNT-G
プラズマ窒化	HNT-P
ガス軟窒化	HNC-G
プラズマ軟窒化	HNC-P
塩浴軟窒化	HNC-S
ガス酸窒化	HON-G
プラズマ酸窒化	HON-P

加工材料

両加工に該当する加工材料を規定しています。本節では窒化のみについて記述していますので本規格で規定された加工材料のすべてには該当しません。本節で

は，機械構造用合金鋼，合金工具鋼，高速度鋼，軸受鋼，ステンレス鋼などが該当します。ただし，次節の軟窒化加工では，本規格で規定されたすべての加工材料が該当します。

加工材料の種類（JIS B 6915）

規格番号	種類の記号
a) 機械構造用炭素鋼，合金鋼	
JIS G 4051	S10C，S12C，S15C，S17C，S20C，S22C，S25C，S28C，S30C，S33C，S35C，S38C，S40C，S43C，S45C，S48C，S50C，S53C，S55C，S58C
	S09CK，S15CK，S20CK
JIS G 4052	SMn420H，SMn433H，SMn438H，SMn443H
	SMnC420H，SMnC443H
	SCr415H，SCr420H，SCr430H，SCr435H，SCr440H
	SCM415H，SCM418H，SCM420H，SCM425H，SCM435H，SCM440H，SCM445H，SCM822H
	SNC415H，SNC631H，SNC815H
	SNCM220H，SNCM420H
JIS G 4053	SMn420，SMn433，SMn438，SMn443
	SMnC420，SMnC443
	SCr415，SCr420，SCr430，SCr435，SCr440，SCr445
	SCM415，SCM418，SCM420，SCM421，SCM425，SCM430，SCM432，SCM435，SCM440，SCM445，SCM822
	SNC236，SNC415，SNC631，SNC815，SNC836
	SNCM220，SNCM240，SNCM415，SNCM420，SNCM431，SNCM439，SNCM447，SNCM616，SNCM625，SNCM630，SNCM815
	SACM645

【解　説】

窒化処理

A1点以下450〜600℃で窒素（発生期又は窒素イオン）を鉄鋼表面より侵入拡散させ，鉄窒化物（化合物層）及び合金窒化物を分散形成することで表面硬さの向上や，内部に拡散層を形成させるための表面硬化加工です。

ガス窒化の窒素源は，アンモニアガスです。次のように反応分解して発生期の窒素を生成します。

$$2NH_3 \longleftrightarrow 2N + 3H_2$$

これに対して，プラズマ窒化の窒素源は窒素ガスです。加工容器を＋極，加工品を－極として高電圧を印可すると加工品の表面に異常グロー放電が発生します。

そこへ供給された窒素ガスは，窒素イオンとなって鉄鋼表面に衝突し，その衝撃で鉄イオンを飛び出させ，窒素イオンが結合して鉄鋼表面に鉄窒化物を形成し

ます。併せて，窒素イオンの衝突で鉄鋼表面の温度が上昇します。

窒化加工は，
① 加工鋼種が限定される
② 処理時間が長い
③ 最表面に形成された脆弱層の化合物層を除去する

などの欠点はありますが，
① 高い表面硬さ
② 深い硬化層
③ 耐摩耗性の向上
④ 疲労強度の向上

などの特色を持っています。

08 鉄鋼の軟窒化加工を知る

鉄鋼の軟窒化加工は，JIS B 6915（鉄鋼の窒化及び軟窒化加工）に規定されています。

【規定内容】

鉄鋼の**軟窒化加工**については，JIS B 6915（鉄鋼の窒化及び軟窒化加工）に規定されています。JIS B 6905（金属製品熱処理用語）では，**軟窒化**（2421）について次のように規定しています。

「金属製品を適切な温度で加熱し，その表面に，窒素を主体とし炭素又は酸素を同時に拡散させ，窒化層（軟窒化層）を形成させる処理」

軟窒化は，窒素を主体にして他に炭素又は酸素を拡散させる処理で，前節（窒化加工）の規定とは大きく異なります。この違いが幅広い加工材料への適用です。

軟窒化設備

前節（窒化加工）に述べた窒化設備に炭素又は酸素供給装置を取り付けたものが軟窒化設備です。したがって，ガス軟窒化設備，プラズマ軟窒化設備，塩浴軟窒化設備，ガス酸窒化設備，プラズマ酸窒化設備などが規定されています。

加工の種類及び記号

軟窒化加工設備が，そのまま加工の種類として規定されています。

加工の種類及び記号（JIS B 6915）

加工の種類	記号
ガス窒化	HNT-G
プラズマ窒化	HNT-P
ガス軟窒化	HNC-G
プラズマ軟窒化	HNC-P
塩浴軟窒化	HNC-S
ガス酸窒化	HON-G
プラズマ酸窒化	HON-P

加工材料

軟窒化加工では，本規格に規定された鉄鋼材料のほとんどが加工対象となります。その中でオーステナイト系ステンレス鋼は，軟窒化加工が困難です。

加工材料の種類（JIS B 6915）

規格番号	種類の記号
a) 機械構造用炭素鋼，合金鋼	
JIS G 4051	S10C, S12C, S15C, S17C, S20C, S22C, S25C, S28C, S30C, S33C, S35C, S38C, S40C, S43C, S45C, S48C, S50C, S53C, S55C, S58C
	S09CK, S15CK, S20CK
JIS G 4052	SMn420H, SMn433H, SMn438H, SMn443H
	SMnC420H, SMnC443H
	SCr415H, SCr420H, SCr430H, SCr435H, SCr440H
	SCM415H, SCM418H, SCM420H, SCM425H, SCM435H, SCM440H, SCM445H, SCM822H
	SNC415H, SNC631H, SNC815H
	SNCM220H, SNCM420H
JIS G 4053	SMn420, SMn433, SMn438, SMn443
	SMnC420, SMnC443
	SCr415, SCr420, SCr430, SCr435, SCr440, SCr445
	SCM415, SCM418, SCM420, SCM421, SCM425, SCM430, SCM432, SCM435, SCM440, SCM445, SCM822
	SNC236, SNC415, SNC631, SNC815, SNC836
	SNCM220, SNCM240, SNCM415, SNCM420, SNCM431, SNCM439, SNCM447, SNCM616, SNCM625, SNCM630, SNCM815
	SACM645

【解 説】

軟窒化の最初の加工は，**塩浴軟窒化**からです。すなわち，

$$NaCN + NaCNO \rightarrow NaCO_3 + CO + N$$

この反応で生成された発生期の窒素と CO ガスによる C が同時に加工材料の表面から侵入拡散し，化合物層が形成され，軟窒化加工が行われます。

C と N の同時拡散により，窒化のように Al,Cr,Mo など，N との親和力の強い合金元素が含有してなくても表面硬さを向上させることができます。これにより，炭素鋼から高合金鋼まで加工が可能となります。

塩浴軟窒化の加工原理をもとにガス軟窒化，プラズマ軟窒化が開発されました。N,C,O の供給ガスとして次のものが用いられています。

① N 供給：ガス軟窒化，NH_3 ガス，プラズマ軟窒化，N_2 ガス
② C 供給：ガス軟窒化・吸熱型変成ガス（CO ガス）・CO_2 ガス，プラズマ軟窒化，炭化水素ガス

③ 酸素（O）供給：ガス軟窒化，空気プラズマ軟窒化，空気

加工条件

前述のガス雰囲気を用いて，通常 550 〜 580℃で加熱し 30 〜 180 分保持後急冷されます。

ここでは，最も広く用いられているガス軟窒化加工について説明します。

(1) 雰囲気組成 NH_3：吸熱型変成ガス =50%：50%
(2) 加熱温度 580℃ ×90 分 油冷却
(3) 加工設備 バッチ型ガス軟窒化炉

ガス軟窒化加工の特徴

① A1 変態点以下での処理。
② 鉄鋼材料すべてに適用できる（オーステナイト系ステンレス鋼に対しては前処理が必要）。
③ 歪が少ない。
④ 耐摩耗性が向上する。
⑤ 疲労強度が向上する。
⑥ 耐食性が向上する。
⑦ 焼戻しは不要。

09 溶接後の熱処理方法を知る

溶接後の熱処理方法は，JIS Z 3700（溶接後熱処理方法）に規定されています。

【規定内容】

炭素鋼及び低合金鋼の**溶接後の熱処理方法**（後熱処理方法という）については，JIS Z 3700（溶接後熱処理方法）に規定されています。

後熱処理方法の種類

炉内加熱方法と局部加熱方法の2種類が規定されています。**炉内加熱方法**は，被処理物の全部又は一部について，加熱炉の中で所定の温度，所定の時間熱処理する方法です。これに対して，**局部加熱方法**は，被処理物の溶接部を中心とした所定の範囲を，帯状電気ヒータ，高周波誘導コイルなどの加熱装置で所定温度，所定時間熱処理する方法です。

後熱処理における被処理品の厚さ

後熱処理における被処理品の厚さに対する加熱及び冷却速度，加熱保持時間及び有効加熱幅などが規定されています。

後熱処理における処理温度及び保持時間

母材に応じて，最低保持温度及び最小保持時間が規定されています。

最低保持温度及び最小保持時間（JIS Z 3700）

母材の区分 [a]	最低保持温度 ℃	溶接部の厚さ t [b] に対する最小保持時間 [c] h				
		$t \leqq 6$	$6 < t \leqq 25$	$25 < t \leqq 50$	$50 < t \leqq 125$	$125 < t$
P-1	595	1/4	$t/25$	$t/25$	$2+(t-50)/100$	$2+(t-50)/100$
P-3	595	1/4	$t/25$	$t/25$	$2+(t-50)/100$	$2+(t-50)/100$
P-4	650	1/4	$t/25$	$t/25$	$5+(t-125)/100$	$5+(t-125)/100$
P-5	675	1/4	$t/25$	$t/25$	$5+(t-125)/100$	$5+(t-125)/100$
P-9A / P-9B	595	1/4	$t/25$	$1+(t-25)/100$	$1+(t-25)/100$	$1+(t-25)/100$

注 [a] 表中に規定していない材料については，受渡当事者間の協定による。
[b] t は，**6.2** に規定する厚さで，単位は mm とする。
[c] 最小保持時間の最小値は，1/4 h とする。

後熱処理の加熱速度及び冷却速度

425℃以上における被加熱の加熱及び冷却速度を求める数式を示しており，被加熱部の各部における 5m の範囲において 150℃以上の温度差があってはならないことが規定されています。

後熱処理方法

炉内加熱による後熱処理方法では，加熱装置，熱処理手順及び条件，温度の測定などが規定されています。

局部加熱による後熱処理方法では，炉内後熱処理方法と同様に，加熱装置，熱処理手順及び条件，温度測定方法が規定されています。

後熱処理を行った場合の記録

事前に設定した熱処理仕様から加熱温度，保持時間，被加熱部品を炉内から取り出す時の炉内温度などが規定されています。

CHAPTER 2
試験方法・測定方法

01 有効加熱帯を知る

有効加熱帯は，JIS B 6901（金属熱処理設備－有効加熱帯及び有効処理帯試験方法）に規定されています。

【規定内容】

有効加熱帯については，JIS B 6901（金属熱処理設備－有効加熱帯及び有効処理帯試験方法）に規定されています。

用語の定義

（1）**保持温度**　加工材料を加熱する時，目的温度に達してから，必要時間保持する間における，加工材料又は加熱雰囲気もしくは熱浴の温度。

（2）**有効加熱帯**　熱処理の目的に応じて，加工材料を温度許容範囲内に保持できる加熱設備における装入領域。

（3）**無負荷試験**　加工材料を加熱設備に装入せずに有効加熱帯の温度測定を行う試験。

（4）**負荷試験**　加工材料又はこれに代わるものを加熱設備に装入して，有効加熱帯及び有効処理帯の温度測定を行う試験。

温度測定の等級

保持温度許容差のクラスごとに温度測定方式の等級が規定されています。

温度測定装置

（1）**温度測定装置の構成**　熱電対と補償導線からなる検出器，電位差計，デジタル電圧計などの計測器，基準接点及び切り替えスイッチで構成することが規定され，各構成機器使用基準が規定されています。また，熱電対の使用選定条件が規定されています。

（2）**温度測定回路の結線**　熱電対，計測器，基準接点，切り替えスイッチ，銅導線及び補償導線による測定回路の結線方式がa～dの4方式が規定されています。

温度測定方式の等級（JIS B 6901）

保持温度許容差のクラス	温度測定方式の等級
1	受渡当事者間の協定による。
2	A級又はB級
3	
4	
5	
6	A級，B級又はC級
7	

備考 熱電対を用いる温度測定方式の等級は，**JIS Z 8704**によって，A級：±1 ℃，B級：測定範囲の±0.5 %，C級：測定範囲の±1〜1.5 %である。

熱電対（JIS B 6901）

単位 ℃

種類	温度範囲	クラス	許容差
B	600以上 1 700未満	2	$\pm 0.002\,5 \cdot [t]$
	600以上 800未満	3	± 4
	800以上 1 700未満		$\pm 0.005 \cdot [t]$
R	0以上 1 100未満	1	± 1
	0以上 600未満	2	± 1.5
	600以上 1 600未満		$\pm 0.002\,5 \cdot [t]$
N K	−40以上 +375未満	1	± 1.5
	375以上 1 000未満		$\pm 0.004 \cdot [t]$
	−40以上 +333未満	2	± 2.5
	333以上 1 200未満		$\pm 0.007\,5 \cdot [t]$

備考1． JIS C 1602による。
 2． tは，測定温度を示す。

試験方法

（1）有効加熱帯の温度測定　無負荷試験が規定されています。ただし，受渡当事者間の協定によって，負荷試験を行ってもよいことが規定されています。

（2）保持温度測定位置　加熱設備の形状，すなわち，
① バッチ式円筒形加熱設備
② バッチ式箱形加熱設備
③ プッシャー式連続加熱設備
④ コンベヤ式連続式加熱設備

などのサイズごとに分類して位置，個数が規定されています。

試験の手順

次のように規定しており，その概略を記します。
① 使用する熱電対を標準熱電対と同一温度にて突き合わせ測定を行い補正値を求める。
② 温度補正，温度測定装置の結線方法，温度測定や温度判定の基準などが規定されています。

有効加熱帯の判定

有効加熱帯の判定方法が規定されています。

記録内容

無負荷，負荷の有無から試験結果，試験年月日などについて記述することが規定されています。

【解 説】

金属熱処理加工を行うにあたって，熱処理設備の有効加熱帯測定は，安定した熱処理加工品を作るためには，欠かせません。測定期間については，受け渡し当事者間の協定，加工部品などにより異なりますが，少なくとも年1回の測定を勧めます。

バッチ式箱形加熱設備の保持温度測定位置（JIS B 6901）

単位 m

b	l	h	
		0.5以下	0.5を超え
1.5以下	2.0以下	※ [図]	[図]
	2.0を超え3.5以下	—	[図]
	3.5を超え5.0以下	—	[図]

備考 1. 図3以外の寸法のものについては，図3に準じて高さ，長さ及び幅の各方向に釣合いのとれた適切な位置を選ぶ。
2. 塩浴加熱設備及び流動層加熱設備は，b，l及びhの寸法に関係なく，※印の保持温度測定位置とする。

　無負荷試験でも，シース熱電対を鋼材試料に埋め込みセットする場合もあります。使用するシース熱電対は，定期的に標準熱電対と突き合わせ検定を行い，誤差値を把握しておかなければなりません。

02 有効処理帯試験を知る

有効処理帯試験は，JIS B 6901（金属熱処理設備－有効加熱帯及び有効処理帯試験方法）に規定されています。

【規定内容】

プラズマ浸炭，プラズマ窒化処理に用いる加熱設備の有効処理帯（以下，有効処理帯という）の試験については，JIS B 6901（金属熱処理設備－有効加熱帯及び有効処理帯試験方法）の附属書に規定されています。

温度測定方法，温度測定装置

有効加熱帯測定方法と同様です。ただし，熱電対の保護管について規定されていますので注意が必要です。試験方法のうち，試験の負荷についてはグロー放電を起こさなければ温度測定できません。このことから負荷状態で試験を行うことが規定されています。温度測定位置については，有効加熱帯試験方法と同様です。

試験方法の手順

① 検出器の補正
② 温度測定装置の結線
③ 温度測定

などが規定されています。

有効処理帯の判定

有効処理帯の判定方法が規定されています。

記録事項

有効加熱帯試験方法の記録と同様です。

【解 説】

有効処理帯

プラズマ熱処理加熱装置において，加工材料に均一なグロー放電を発生させ，熱処理の目的に応じて，加熱温度に要求される温度許容範囲で保持できるように，あらかじめ類似形状品の温度測定によって設定した装入領域のこと．

プラズマ熱処理

プラズマ浸炭，浸炭窒化，プラズマ窒化，軟窒化などがあります．

プラズマ熱処理の特色

① 作業環境が極めてクリーン．
② 消費ガス量が少ない．
③ 浸炭処理では粒界酸化はほとんど発生しない．
④ 減圧処理であるから外的要因による影響が少ない．
⑤ 防炭，防窒化が容易である．
⑥ 当初のイオン衝突による昇温加熱方式に対して最近の外熱加熱方式の併用により加熱処理帯の温度幅は大幅に改善されている．
⑦ 窒化ポテンシャル，炭素ポテンシャルの制御は比較的容易である．

03 結晶粒度の顕微鏡試験を知る

結晶粒度の顕微鏡試験は，JIS G 0551（鋼－結晶粒度の顕微鏡試験方法）に規定されています。

【規定内容】

結晶粒度の顕微鏡試験方法は，JIS G 0551（鋼－結晶粒度の顕微鏡試験方法）に規定されています。本規格では，鋼のフェライト又はオーステナイトの結晶粒度を測定するための顕微鏡試験方法，結晶粒度の現出方法及び一様に結晶粒が分布する試験片の平均結晶粒度の求め方などが規定されています。

結晶粒の形状は，立体的（三次元）であるため，顕微鏡試料の切断面は，結晶粒の端部から最大直径の部分までの任意の箇所となります。結晶粒が完全に同じ大きさでも，平面上（二次元）に現れる結晶粒の大きさは，ある範囲にばらつきます。

結晶粒

顕微鏡観察のために研磨及び調製された試験片表面に現出する多少湾曲した側面を伴う閉じた多角形の形状のことです。

結晶粒は，次のように区別します。

① オーステナイト結晶粒（面心立方の結晶，焼なまし双晶を含むことがある）
② フェライト結晶粒（体心立方の結晶，焼なまし双晶を含まない）

試験方法

結晶粒の大きさについては，鋼種又はその他の情報によって適切な方法で処理された試験片の研磨面を顕微鏡によって測定します。平均結晶粒度は，特に指定のない場合，製造業者の任意によって測定します。

① 次のいずれかによって得られた粒度番号
・結晶粒度標準図と比較する。
・単位面積当たりの結晶粒の平均数を測定する。
② 結晶粒内を横切る試験線の1結晶粒あたりの平均線分長（切断法による評価方法）

結晶粒度の表示

　結晶粒の種類による記号・粒度番号・視野数，最高加熱温度（熱処理粒度試験方法の場合）及び保持時間をフェライト結晶粒度の表示記号及びオーステナイト結晶粒度は，記号によって表示します。

　表示方法は，次の例のように表示します。

① フェライト結晶粒度の表示例　FG － 3.5（10）（10 視野の総合判定による粒度が 3.5 の場合）

② オーステナイト結晶粒度の表示例

　細粒鋼の場合 GC － 8.5（10）［侵炭粒度試験方法で 10 視野の総合判定による粒度が 8.5（細粒鋼）の場合］

　粗粒鋼の場合 GC － 3.6（10）［侵炭粒度試験方法で 10 視野の総合判定による粒度が 3.6（粗粒鋼）の場合］

【解　説】

　結晶粒度の大きさは粒度番号で表します。それは粒度を比較法又は切断法で測定した後に表す番号です。通常，鋼の粒度試験方法は，顕微鏡で測定した粒度を結晶粒標準図と比較して，相当する粒度番号を判定します。

　試験は通常，比較法で行いますが，結晶粒が著しく展伸している場合又は精密さを必要としている場合は，切断法（本規格 附属書 2 参照）で測定します。

　鋼の結晶粒度測定における顕微鏡観察を行うためには，フェライト又はオーステナイトの結晶粒界を現出する必要があります。

　1. フェライト結晶粒界の現出は，ナイタル又は適当な腐食液を用いて現出させます。

　2. オーステナイト及び旧オーステナイト結晶粒界の現出は，常温で単相又は二相のオーステナイト組織をもつ鋼の場合は，腐食液を用いて結晶粒界を現出させます。

　常温でオーステナイト組織でない鋼に対しては，その鋼がオーステナイトとして存在した時の大きさを表現する必要があります。それには侵炭粒度試験方法と熱処理粒度試験方法があります。前者は，肌焼鋼の侵炭後の粒度測定などに適しています。

　しかし，一般構造用の熱処理時の粒度測定は，熱処理粒度は実際作業に近い加

熱温度及びその時間に保持したときの粒度が求められることから，後者の方法が適しています。後者の熱処理粒度試験方法には，各種の試験方法がありますが，鋼の炭素含有量によって適当な方法を選ぶ必要があります。

04 鋼のマクロ組織試験を知る

鋼のマクロ組織試験は，JIS G 0553（鋼のマクロ組織試験方法）に規定されています。

【規定内容】

鋼のマクロ組織試験方法については，鋼材の断面を種々の腐食液を用いて腐食し，マクロ組織を試験する方法について，JIS G 0553（鋼のマクロ組織試験方法）に規定されています。

キルド鋼から製造した鋼材のマクロ組織例を示します。また，連続鋳造によって得た鋼片から製造した鋼材のマクロ組織例を示します。

鋼材のマクロ組織の例（JIS G 0553）

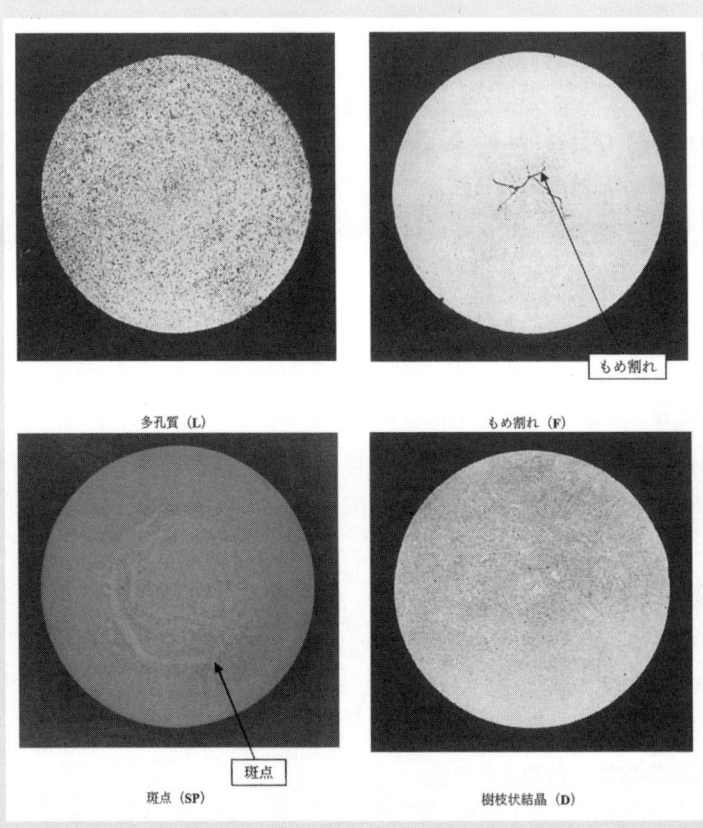

多孔質（L）　　　　　　　もめ割れ（F）

斑点（SP）　　　　　　　樹枝状結晶（D）

連続鋳造によって製造した鋼材のマクロ組織の例（JIS G 0553）

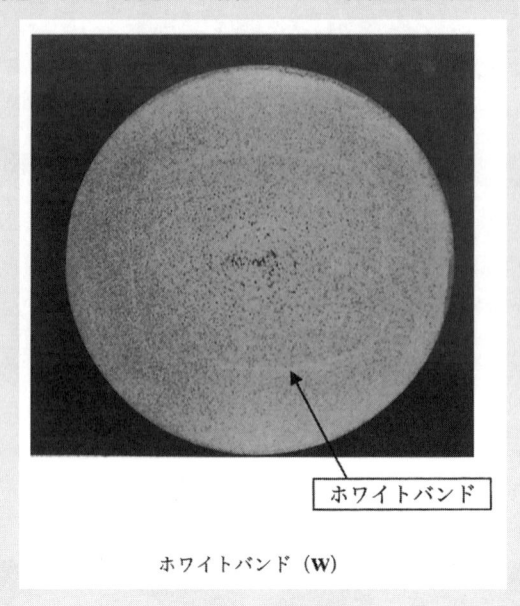

ホワイトバンド

ホワイトバンド（W）

試験の原理及び目的
① この試験は，腐食液によって，鋼のマクロ組織を現出させます。
② 鋼の組織の違いによる腐食進行の差異を利用し，観察のできる水準まで濃淡を現出させ，化学的不均質（偏析など），物理的不均質（割れ，多孔質など）及びその他の組織の差異を明らかにします。

試験方法
腐食方法は，次のいずれか又は附属書A（JIS G 0553）を用います。
塩酸法，塩化銅アンモニウム法，硝酸エタノール，硝酸法，王水法

腐食後の処理
腐食終了後，温水又は流水中で被検面の腐食生成物をはけで素早く取り除き，適切なアルカリ溶液中で中和した後，さらに熱湯で十分に洗浄し，衝風によって急速乾燥した後，肉眼によって判定します。
腐食面の観察は，目視とします。

鋼種及び推奨する試験方法

鋼種及び推奨する試験方法が規定されています。

鋼種及び推奨する試験方法（JIS G 0553）

試験方法	鋼種	
	炭素鋼・合金鋼	ステンレス鋼, 耐熱鋼
塩酸法	◎	◎
塩化銅アンモニウム法	◎	
硝酸エタノール法	◎	
硝酸法	◎	
王水法		◎

注[a] ◎を付した試験方法が，推奨される試験方法。

【解　説】

鋼のマクロ組織試験方法

強酸腐食法ともいわれ，材料全体の表面や断面全体を適当な腐食液で腐食し，もめ割れ，毛割れ，周辺きず，樹枝状結晶，気泡，偏析，介在物などを肉眼で検出する方法です。

腐食方法

一般的には，炭素鋼，合金鋼，ステンレス鋼などでは5％の塩酸又は硫酸で腐食する方法があります。

chapter 2 ● 49

05 鋼の非金属介在物の試験を知る

鋼の非金属介在物の試験は，JIS G 0555（鋼の非金属介在物の顕微鏡試験方法）に規定されています。

【規定内容】

鋼の非金属介在物の試験方法は，JIS G 0555（鋼の非金属介在物の顕微鏡試験方法）に規定されています。

圧延比が3以上の圧延，又は鍛造された鋼製品中の非金属介在物を標準図を用いて測定する顕微鏡試験方法です。

また，この方法は，観察視野と本規格で定義される**標準図**とを比較し，介在物のそれぞれの系を個々に考察します。

介在物の形状及び分布

標準図は，主に5種類のメイングループ（A，B，C，D及びDS）に区分されています。最も一般的に観察される介在物は，次の5種類です。

① グループA：硫化物系
② グループB：アルミナ系
③ グループC：シリケート系
④ グループD：粒状酸化物系
⑤ グループDS：個別粒状介在物系

介在物グループごとの標準図は，附属書Aに示されています。

点算法による顕微鏡試験方法

鋼の介在物の種類及び数量を測定し，その清浄度を判定する方法として，点算法による顕微鏡試験方法があります。これは，供試材から規定の試験片を切り出し，規定の寸法の被検面に研磨して仕上げた後，検鏡して介在物の種類とその面積百分率を測定するものです。

介在物の種類は次の3種類に分けられます。

(1) **A系介在物** 加工によって粘性変形したもの（硫化物，けい酸塩など）
(2) **B系介在物** 加工方向に集団をなして不連続的に粒状の介在物が並んだ

もの（アルミナなど）。
(3) **C系介在物**　粘性変形をしないで不規則に分散するもの（粒状酸化物など）。

【解　説】

鋼の非金属介在物の顕微鏡試験方法は，鋼の使用目的の適正を評価するのに広く使われています。

非金属介在物は，溶鋼中の不純物除去のため添加した脱酸元素が介在物として材料中に残留したものです。例えば，Mn，S は，その周辺の Mn が減少することにより熱処理時において焼入性が悪くなったり，焼むらの原因となったりすることがあります。

また，圧延や鍛造などの加工で変形した介在物は，繰返し応力で歪みが生じたり，き裂発生の起点となったりします。

06 鋼の地きず試験を知る

鋼の地きず試験は，JIS G 0556（鋼の地きずの肉眼試験方法）に規定されています。

【規定内容】

圧延又は鍛造された鋼の仕上面において，肉眼又は10倍以下の拡大レンズによって認められるピンホール，ブローホールなどによる線状のきず，非金属介在物による線状のきず，砂などの異物の介在による線状のきずなどの地きずの肉眼試験方法があります。

このうち，鋼の段削り地きず試験法及びマクロ試験による非金属介在物評価方法については，JIS G 0556（鋼の地きずの肉眼試験方法）に規定されています。3種類の試験方法が規定されています。

試験方法の種類及び適用の目的（JIS G 0556）

種類	適用の目的
段削り試験方法	地きず試験及びマクロ試験による非金属介在物の評価
青熱破壊試験方法	マクロ試験による非金属介在物の評価
磁粉検査方法	強磁性材料の非金属介在物の評価，及び段削り試験方法における介在物観察が難しいような場合の観察

段削り試験方法

切削によって現れる円柱状の段削り試験片の縦方向表面で見える地きずの数と分布を測定します。

青熱破壊試験方法（附属書1）

青熱焼戻しを受けた破壊の表面上で目に見える非金属介在物の全数と分布を決定します。鍛造及び圧延製品などに適用できるほか，さらに広範囲な使用も可能です。

磁粉検査方法（附属書2）

試験片又は製品の切り出した表面を磁化し，鉄粉が浮遊している液体を塗って調査します。この検査は強磁性鋼だけに適用します。一般に，スラブ，棒，ビレット及び管のような製品に対して使用されています。

【解　説】

鋼製品が疲労破壊した場合，その原因が製品中に生じていた微細なき裂を起点として，それが徐々に他の部分に伝播し，ある程度伝播すると急激な破壊に至ることがあります。き裂，きずなどの形状変化部での応力集中によって生じる疲労強度の低下によるものです。

肉眼又は拡大レンズで認められるピンホール，ブローホールなどによる線状のきず，非金属介在物による線状のきずなどが疲労破壊などの発生原因の微細なき裂となる場合があります。

07 鋼の脱炭層深さ測定を知る

鋼の脱炭層深さ測定は，JIS G 0558（鋼の脱炭層深さ測定方法）に規定されています。

【規定内容】

鋼の脱炭層深さ測定については，JIS G 0558（鋼の脱炭層深さ測定方法）に規定されています。

脱炭層深さの測定方法として3種類の方法が規定されています。

顕微鏡による測定方法

試験片の切断面を腐食して顕微鏡で観察し，脱炭層深さ（全脱炭層深さ，フェライト脱炭層深さ及び特定残炭率脱炭層深さ）を測定します。この方法は，焼なましや焼ならしにより，ミクロ組織がフェライト・パーライトを示す鋼材に適している方法です。

具体的な方法として，試験片の調整，測定方法などが規定されています。

例えば，

① 試験片作成では，供試材を圧延方向に垂直に切断し，その切断面を研磨，腐食して被研面とします。

② 通常，顕微鏡倍率は，100倍が用いられます。脱炭層深さ測定は，一様な脱炭層帯で最も深いところとします。

硬さ試験による測定方法

供試材表面に垂直な直線又は斜めの直線に沿って，供試材の断面の硬さの変化を，JIS Z 2244（ビッカース硬さ試験）又は JIS Z 2251（ヌープ硬さ試験）を行って，脱炭層深さ（全脱炭層深さ及び実用脱炭層深さ）を測定します。この方法は，焼入焼戻しや顕微鏡による測定方法で脱炭層深さが明りょうに判別できず，焼入処置を行った試験片に適用されます。

断面測定方法

直角測定法及び**斜め測定法**が規定されています。

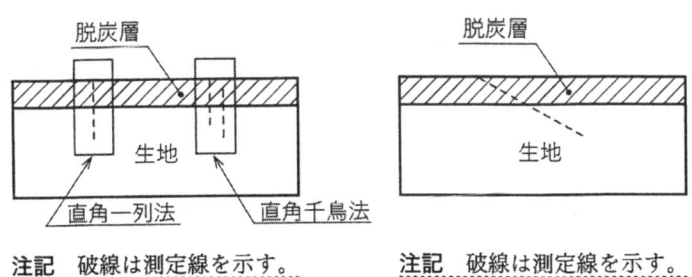

直角測定法（JIS G 0558）　　　　斜め測定法（JIS G 0558）

測定結果から，硬さ推移曲線を求めます。硬さ推移曲線から各脱炭層深さは以下のように求められます。
（1）**全脱炭層深さ**　硬さ推移曲線上で表面から生地硬さの位置までの距離。
（2）**実用脱炭層深さ**　硬さ推移曲線上で表面から指定された硬さが得られる位置までの距離。

炭素含有率による方法

炭素含有率による方法としては，化学分析による方法，発光分析による方法が規定されています。

表示方法及び表示記号

脱炭層深さは，ミリメートルで示し，顕微鏡による測定の場合は，小数点以下第2位まで，硬さ試験及び炭素含有率による測定の場合は，小数点以下1位までと規定しています。

【解　説】
脱炭現象

熱処理における大きな不具合の一つです。大気中で鋼をオーステナイトに加熱すると容易に脱炭します。また，雰囲気制御されている中で鋼を加熱した場合，その雰囲気より高い炭素濃度を含有していることでも脱炭します。

脱炭層深さの表示記号（JIS G 0558）

脱炭層深さ	測定方法				
	顕微鏡による測定方法	硬さ試験による測定方法[a]	炭素含有率による測定方法		
			化学分析	発光分光分析	電子線マイクロアナリシス
全脱炭層深さ	DM-T	DH-T	DC-T	DS-T	DE-T
フェライト脱炭層深さ	DM-F	−	−	−	−
特定残炭率脱炭層深さ	DM-S	−	−	−	−
実用脱炭層深さ	−	DH-P	−	−	−

注記　ISO 3887 では，全脱炭層深さを DD で表す（例えば，DD＝0.08 mm）。
　例1　DM-T0.28　顕微鏡による測定方法で，全脱炭層深さ 0.28 mm。
　例2　DH (2.9)-T0.2　試験力 2.9 N のビッカース硬さ試験機を用いてビッカース硬さを測定する方法で，全脱炭層深さ 0.2 mm。
　例3　DM-F0.05　顕微鏡による測定方法で，フェライト脱炭層深さ 0.05 mm。
　例4　DM-S (70) 0.10　顕微鏡による測定方法で，残炭率 70 ％の脱炭層深さ 0.10 mm。
　例5　DM-F0.05-S (50) 0.15-T0.28　顕微鏡による測定方法で，フェライト脱炭層深さ 0.05 mm，残炭率 50 ％の脱炭層深さ 0.15 mm，全脱炭層深さ 0.28 mm。
　例6　DH (2.9)-P (450) 0.2　試験力 2.9 N のビッカース硬さ試験機を用いてビッカース硬さを測定する方法で，450 HV の実用脱炭層深さ 0.2 mm。
　例7　DC-T0.3　化学分析装置を用いる炭素分析測定方法で，全脱炭層深さ 0.3 mm。
　例8　DS-T0.3　発光分光分析装置を用いる炭素分析測定方法で，全脱炭層深さ 0.3 mm。
　例9　DE-T0.3　電子線マイクロアナリシスを用いる炭素分析測定方法で，全脱炭層深さ 0.3 mm。
注[a]　表示記号は，ビッカース硬さ試験による場合を示す。ヌープ硬さ試験によった場合の表示記号は，受渡当事者間の協定による。

疲労強度の低下

　最表面が脱炭した状態で焼入れすると表面硬さは低くなります。本来，焼入れで得られる圧縮残留応力が引張り応力になり，疲労強度が低下します。

用　語

　（1）**脱炭層**　鋼の熱間加工又は熱処理によって，表層部の炭素含有率が減少した部分。

　（2）**全脱炭層深さ**　鋼材の表面から，脱炭層と生地との化学的性質又は物理的性質の差異が，もはや区別できない位置までの距離。

　（3）**フェライト脱炭層深さ**　鋼材の表層部において，脱炭してフェライトだけとなった層の表面からの深さ。

　（4）**特定残炭率脱炭層深さ**　鋼材の表面からある一定の残炭率（生地の炭素含有率に対し残存している炭素含有率の割合）を持つ位置までの距離。

　（5）**実用脱炭層深さ**　鋼材の表面から実用上差し支えない硬さが得られる位置までの距離。

08 鋼のサルファプリント試験を知る

鋼のサルファプリント試験は，JIS G 0560（鋼のサルファプリント試験方法）に規定されています。

【規定内容】

通常，硫黄含有率0.100％以下の**鋼のサルファプリント試験**方法については，JIS G 0560（鋼のサルファプリント試験方法）に規定されています。

試験方法の目的

試験片の比較的硫黄含有率の高い部位に，硫酸を含んだ腐食液にあらかじめ浸漬した印画紙をあてて焼きつかせ，硫黄の分布をみることを目的としています。この試験により，検出された硫黄化合物のサイズ，分布，材料の均質性を評価することができます。

試験方法の原理

硫黄含有率が高く分布する部分に，硫化水素を発生させます。その結果，ハロゲン化銀が硫化銀に変化し，印画紙の感光剤が黒くなります。この黒ずんだ部分の濃淡を観察して，硫化物の分布を判定します。

試験片

鋼材から切り取ったものや，鍛造又は圧延した鋼材は，それぞれの方向に直角な面を試験面とします。

実際の試験方法

印画紙を腐食液に浸漬することから，定着液，水洗いまでの工程が規定されています。

結果の分類

硫化物の分布状況の分類及び記号，サルファプリントの分類が規定されています。

硫化物の分布状況の分類及び記号（JIS G 0560）

分類	記号	摘要
正偏析	S_N	一部の鋼材に普通に見られる偏析であって，硫化物が鋼材の外周部から中心部に向かって増加して分布し，外周部より中心部の方が濃く着色されて現れたもの。リムド鋼のリム部は，特に着色度が低い。
逆偏析（負偏析）	S_I	硫化物が鋼材の外周部から中心部に向かって減少して分布し，外周部より中心部の方が淡く着色されて現れたもの。
中心部偏析	S_C	硫化物が鋼材の中心部に集中して分布し，特に濃厚な着色部が現れたもの。
点状偏析	S_D	硫化物の偏析が，濃厚に着色した点状をなして現れたもの。
線状偏析	S_L	硫化物の偏析が，濃厚に着色した線状をなして現れたもの。
柱状偏析	S_{CO}	形鋼などに見られる偏析であって，中心部偏析が柱状をなして現れたもの。
記号は，すべて大文字で表示してもよい。		

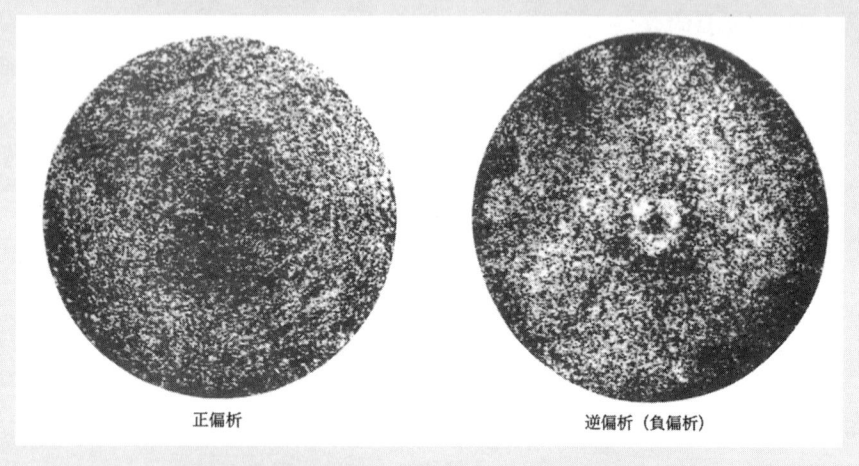

サルファプリントの分類例（JIS G 0560）

【解　説】

　サルファプリント試験は，鋼のマクロ試験の中の重要な試験の一つです。鋼の均質性の評価のほかに，硫黄快削鋼の偏析状況の確認，クラックや孔，リムド鋼とキルド鋼の判別などに使われます。

09 鋼の焼入性試験を知る

鋼の焼入性試験は，JIS G 0561［鋼の焼入性試験方法（一端焼入方法）］に規定されています。

【規定内容】

鋼の焼入性をジョミニー式一端焼入法によって測定する試験方法については，JIS G 0561［鋼の焼入性試験方法（一端焼入方法）］に規定されています。

試験方法の原理

円柱形の試験片をオーステナイト域の規定温度で規定時間加熱して，その一端面に水を吹き付けて焼入れした後，2点間又は試験片に作られた長さ方向の所定の点の硬さを測定し，硬さの変化によって鋼の焼入性を決定する方法です。

焼入装置

試験片支持台，冷却用噴水装置などが規定されています。

試験片の形状，寸法及び焼入装置

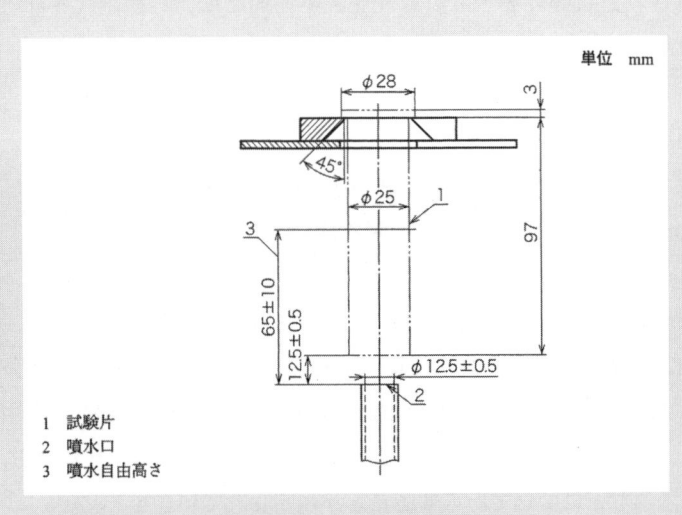

1 試験片
2 噴水口
3 噴水自由高さ

焼入装置（JIS G 0561）

化学組成による試験片の焼ならし及び焼入温度

供試材・試験片の焼ならし及び焼入温度（JIS G 0561）

化学成分の規格値又は規格値の最大値		焼ならし温度[a] ℃	焼入温度[a] ℃
Ni %	C %		
3.00 以下	0.25 以下	925	925
	0.26 以上　0.36 以下	900	870
	0.37 以上	870	845
3.00 を超えるもの	0.25 以下	925	845
	0.26 以上　0.36 以下	900	815
	0.37 以上	870	800
JIS G 4801 の SUP6，SUP7，SUP9，SUP9A，SUP10，SUP11A，SUP12，SUP13		900	870
JIS G 4053 の SACM645		980	925

注[a] 温度の許容差は，±5 ℃とする。

焼入方法

加熱方法，焼入作業が規定されています。

硬さの測定方法

焼入れされた試験片を180度対面を長手方向に所定の研削代を除去した後，硬さを測定します。

硬さ測定位置

焼入端から，1.5－3－5－7－9－11－13－15 mm とし，それ以上の場合は5 mm 間隔で測定することが規定されています。

記　録

硬さ測定を決められた箇所を，ロックウエルCスケール又はビッカース硬さで行います。試験片の両面を測定した結果の平均値を**焼入性図表**（附属書）に記入します。併せて，溶鋼番号，オーステナイト結晶粒度番号，化学成分，熱処理温度及び水温などについて記入することが規定されています。

【解　説】

　鋼の焼入れには，常に質量効果がついてきます。その鋼種の焼入性を把握して，部品を設計し熱処理することは重要なポイントです。

　機械構造用合金鋼で末尾に -H の記号が付いている鋼種は，焼入性を保証していることを示します。それ以外の鋼種の場合は，本規格（JIS G 0561）に従って試験を行い，焼入性を求めます。

10 鋼の浸炭硬化層深さ測定を知る

鋼の浸炭硬化層深さ測定は，JIS G 0557（鋼の浸炭硬化層深さ測定方法）に規定されています。

【規定内容】

鋼の浸炭焼入れ又は浸炭浸窒焼入れによる硬化層深さを測定する方法については，JIS G 0557（鋼の浸炭硬化層深さ測定方法）に規定されています。硬化層測定は，次の方法が規定されています。

硬さ試験による測定方法

試験片の切断面について，硬さ試験を行って硬化層深さを測定する方法です。測定手順のポイントは，以下のとおりです。

（1）**試験片**　硬化層に垂直に切断し，切断面を研磨仕上げして被研面とします。

（2）**被研面**　ビッカース硬さ試験（JIS Z 2244）を行い，硬さ推移曲線を作成し，有効硬化層深さ又は全硬化層深さを測定します。試験力は，通常，HV0.3（2.9 N）を用います。

（3）**硬さ推移曲線**　被研面の測定位置の表面に対して，垂直な直線に沿って順次硬さを測定し，硬さ推移曲線を作成します。測定点間隔は，通常 0.1 mm 以下とします。測定の際，隣り合うくぼみの距離についても規定しています。

（4）**硬化層深さの決定**　硬さ推移曲線から，有効硬化層深さは限界硬さ 550HV の位置までの距離と規定しています。また，全硬化層深さは，硬さ推移曲線で硬化層と生地の物理的又は化学的性質の差異区別ができない位置までの距離と規定しています。

マクロ組織試験による測定方法

試験片の切断面を腐食して，低倍率の拡大鏡で観察し，硬化層深さを測定する方法です。

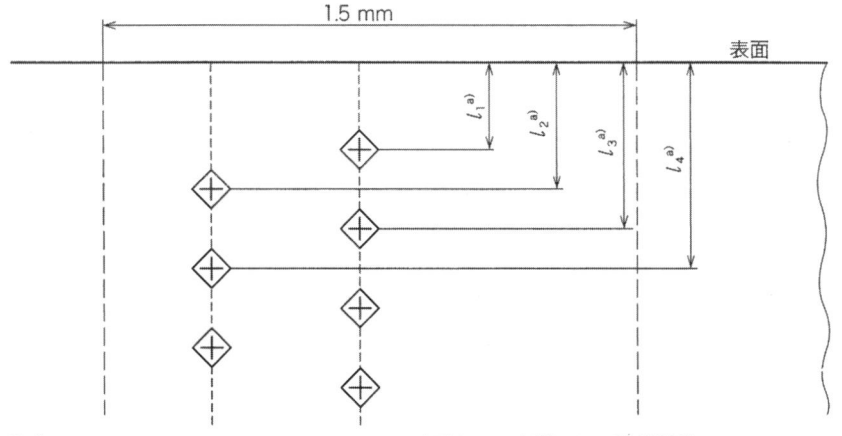

注 a) l_2-l_1, l_3-l_2, l_4-l_3, ……は，0.1 mm 以下とし，表面からの累積距離は，±25 μm の精度とする。

硬さ測定点の配置（JIS G 0557）

　試験片は，通常，製品そのものを用います。ただし，製品を使用できない場合は，同一種類の鋼材を用いてよいことが規定されています。測定手順のポイントは以下のとおりです。

（**1**）**試験片**　硬化面に垂直に切断し，切断面を研磨仕上げして被検面とします。被検面を 5％硝酸アルコール中で着色し，アルコール又は水にて洗浄の後，20 倍を超えない倍率の拡大鏡にて着色状況を観察します。

（**2**）**硬化層の深さ**　生地と異なった着色をしている部分の表面からの深さを測定して求められます。硬化層深さは，通常，ミリメートルで表示し，少数点以下 1 位までとします。

（**3**）**硬化層深さの表示記号**　硬化層深さの表示記号を示します。

　報　告　測定値の他，材料の種類，試験片の区別，熱処理条件そして測定位置などを記載することが規定されています。

硬化層深さの表示記号（JIS G 0557）

硬化層深さ	測定方法		マクロ組織試験による測定方法
	硬さ試験による測定方法[a]		
	ビッカース硬さ[c]		
有効硬化層深さ	CHD (DC-H△-E)[b]		—
全硬化層深さ	DC-H△-T		DC-M-T

注[a] 硬化層深さの表示の例は，次による。△には JIS Z 2244 の表2における硬さ記号の数字を記入する。

　例1　CHD = 2.5 mm
　　（箇条6のビッカース硬さ試験による測定方法で，試験力 2.9 N で測定し，有効硬化層深さ 2.5 mm の場合）
　例2　DC-H1-T1.1
　　（箇条6のビッカース硬さ試験による測定方法で，試験力 9.8 N で測定し，全硬化層深さ 1.1 mm の場合）
　例3　DC-M-T2.2
　　（箇条7のマクロ組織試験による測定方法で測定し，全硬化層深さ 2.2 mm の場合）

ビッカース硬さの有効硬化層深さについては，他の試験力や異なる限界硬さを使用する場合は，CHD の後に次のように示す。
　例　CHD 575 HV5（試験力 49.03 N，限界硬さ 575 HV）

[b] 受渡当事者間の協定によって，DC-H△-E の表記を使用してもよい。ビッカース硬さ試験の試験力が 2.9 N の場合は，△の記入を省略してもよい。
　例　DC-H-E2.5
　　（6のビッカース硬さ試験による測定方法で，試験力 2.9 N で測定し，有効硬化層深さ 2.5 mm の場合）

[c] ヌープ硬さ試験による測定方法で行った場合の表示記号は，受渡当事者間の協定による。

【解　説】

（1）有効硬化層深さ　焼入れのまま，又は 200℃を超えない温度で焼戻しした硬化層の表面から，限界硬さの位置までの距離，又は JIS Z 2251（ヌープ硬さ試験－試験方法）の相当するヌープ硬さの位置までの距離。

（2）全硬化層深さ　硬化層の表面から，硬化層と生地の物理的又は化学的性質の差異が，もはや区別できない位置までの距離。ここでいう物理的性質は硬さで，化学的性質はマクロ組織で判定します。

11 鉄鋼の窒化層深さ測定を知る

鉄鋼の窒化層深さ測定は，JIS G 0562（鉄鋼の窒化層深さ測定方法）に規定されています。

【規定内容】

鉄鋼の窒化及び軟窒化加工などによる**窒化層深さ測定**する方法については，JIS G 0562（鉄鋼の窒化層深さ測定方法）に規定されています。

窒化層の測定は，以下の方法が規定されています。

硬さ試験による測定方法

試験片の切断面について，硬さ試験を行い，窒化層深さを測定します。測定手順のポイントは以下のとおりです。

（1）**試験片** 加工面に垂直に切断し，切断面を研磨仕上げして被研面とします。

（2）**被研面** ビッカース硬さ試験（JIS Z 2244）又はヌープ硬さ試験（JIS Z 2251）を行い，硬さ推移曲線を作成し，その曲線から，窒化層深さ又は実用窒化層深さを測定します。試験力は，2.942 N 以下とします。

（3）**硬さ推移曲線** 測定しようとする被研面の位置について，その表面に対し垂直な直線に沿って順次硬さを測定して硬さ推移曲線を作成します。測定点の間隔や隣り合うくぼみの中心間隔についても規定しています。

金属組織試験による測定方法

試験品の切断面を腐食して，金属顕微鏡で観察し，窒化層深さを測定します。測定手順のポイントは以下のとおりです。

（1）**試験品** 加工面に垂直に切断し，切断面を研磨仕上げし被研面とします。

（2）**被研面** 約3％硝酸アルコール溶液で明りょうな着色状態が得られるように腐食します。この腐食面を水などで洗浄した後，金属顕微鏡で腐食による着色状況を調べます。

（3）**窒化層深さ** 生地と異なった着色をした部分の表面からの深さを測定します。

（4）**化合物層深さ及び拡散層深さ** 本書の【解説】を参照してください。

(5) 試験品 製品そのものを用います。やむを得ない場合は，製品と同一条件で処理した同一鋼種の鉄鋼材料を用いてもよいことが規定されています。

(6) 窒化層深さ及び実用窒化層深さ ミリメートルで表示し，小数点以下第1位までとします。

窒化層深さ及び実用窒化層深さの表示記号（JIS G 0562）

項目	測定方法		
	硬さ試験による測定方法		金属組織試験による測定方法
	ビッカース硬さ	ヌープ硬さ	
窒化層深さ	ND-HV△-T	ND-HK△-T	ND-M-T
実用窒化層深さ	ND-HV△-P	ND-HK△-P	―

備考1. NDは，窒化層深さ(参考：nitrided case depth)を示す。
 2. △は，試験荷重に対応する硬さ記号の数字を記入する。
  なお，受渡当事者間の協定によって，△は省略してもよい。
 3. Mは，金属組織(参考：microstructure)を表す。
 4. Tは，窒化層の全深さ(参考：total depth)を表す。
 5. Pは，窒化層の実用深さ(参考：practical depth)を表す。
  例1. ビッカース硬さ試験による測定方法によって，試験荷重2.942 Nで測定し，窒化層深さが0.74 mmの場合。
   ND-HV0.3-T0.74
  例2. ビッカース硬さ試験による測定方法によって，試験荷重2.942 Nで測定し，実用窒化層深さが0.23 mmの場合。
   ND-HV0.3-P0.23
  例3. ヌープ硬さ試験による測定方法によって，試験荷重1.961 Nで測定し，実用窒化層深さが0.35 mmの場合。
   ND-HK0.2-P0.35
  例4. 金属組織試験による測定方法で測定し，窒化層深さが50 μmの場合。
   ND-M-T50 μm

【解 説】

（1） **化合物層深さ**　窒化物・炭化物・炭窒化物などを主体とする層の表面からの深さ。

（2） **拡散層深さ**　化合物層を除いた，窒素・炭素などの拡散が認められる層の深さ。

化合物層深さ及び拡散層深さの表示記号（JIS G 0562）

項目	測定方法		金属組織試験による測定方法
	硬さ試験による測定方法		
	ビッカース硬さ	ヌープ硬さ	
化合物層深さ	—	—	CL-M
拡散層深さ	DD-HV△	DD-HK△	DD-M

備考1.　DDは，拡散層深さ（**参考**：diffusion depth）を示す。
　　2.　CLは，化合物層深さ（**参考**：compound layer）を示す。
　　3.　△は，試験荷重に対応する硬さ記号の数字を記入する。
　　　　なお，受渡当事者間の協定によって，△は省略してもよい。
　　　例1.　ビッカース硬さ試験による測定方法によって，試験荷重
　　　　　　0.980 7 Nで測定し，拡散層深さが0.45 mmの場合。
　　　　　　DD-HV0.1-0.45
　　　例2.　ヌープ硬さ試験による測定方法によって，試験荷重
　　　　　　1.961 Nで測定し，拡散層深さが35.2 μmの場合。
　　　　　　DD-HK0.2-35.2 μm
　　　例3.　金属組織試験による測定方法によって，化合物層深さが
　　　　　　10.5 μmの場合。
　　　　　　CL-M-10.5 μm
　　　例4.　金属組織試験による測定方法によって，拡散層深さが
　　　　　　0.51 mmの場合。
　　　　　　DD-M-0.51

（3） **窒化層深さ**　窒化層の表面から，窒化層と生地の物理的又は化学的性質の差違が区別できない点に至るまでの距離。窒化層深さは，化合物層深さと拡散

層深さの和。

(4) 実用窒化層深さ 窒化層の表面から，生地のビッカース硬さ値又はヌープ硬さ値より 50 高い硬さの点に至るまでの距離。

(5) 硬さ推移曲線 窒化層の表面からの垂直距離と硬さとの関係を表す曲線。

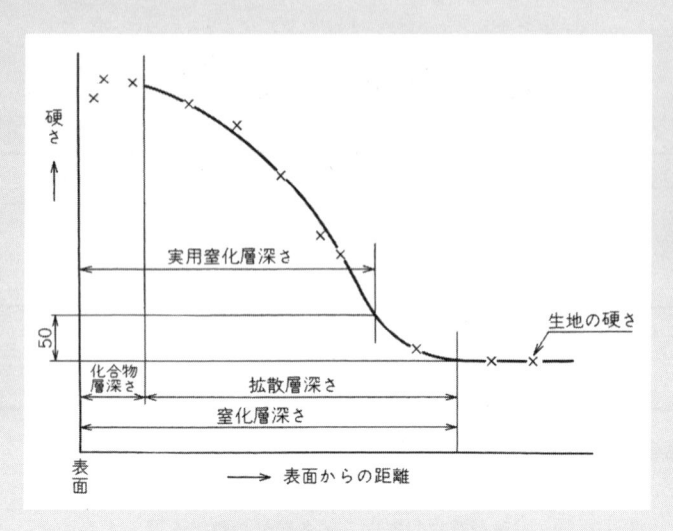

硬さ推移曲線の例（JIS G 0562）

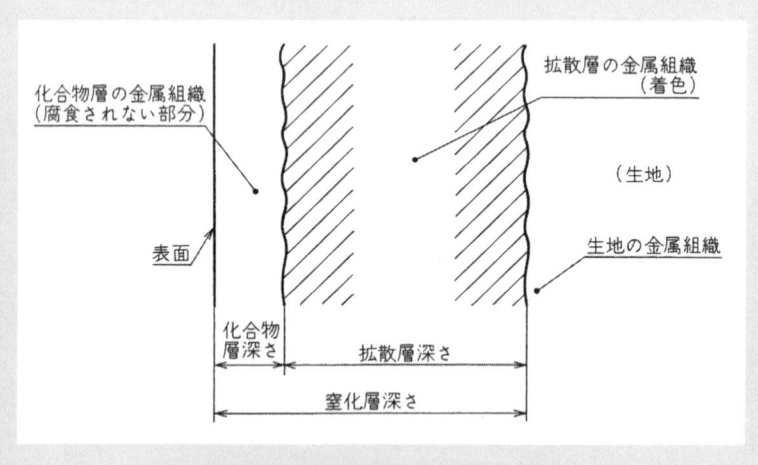

金属組織試験結果の例（JIS G 0562）

12 鋼の火花試験を知る

鋼の火花試験は，JIS G 0566（鋼の火花試験方法）に規定されています。

【規定内容】

鋼塊，鋼片，鋼材及びその他の鋼製品のグラインダによる**火花試験**方法については，JIS G 0566（鋼の火花試験方法）に規定されています。

試験の目的

試験品について，鋼種の推定又は異材の鑑別を行います。

火花の形及び名称

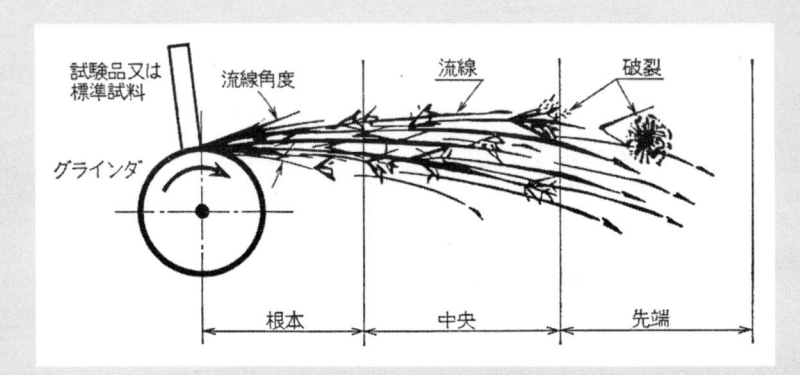

火花の形及び名称（JIS G 0566）

試験に用いる器具

グラインダ，といし，補助器具としての暗幕や衝立などが規定されています。

標準試料

化学組成が既知なもので各種鋼種を用意し，脱炭層，浸炭層，窒化層，ガス溶断痕やスケールなどを除去されたものと規定しています。

試験方法

同一器具を用い，適度な暗さを確保し，風の影響を避けるために衝立などを用いることもあります。火花は，根本，中央，先端の各部分にわたり，流線，破裂の特徴を注意深く観察します。

鋼種の推定

火花の形状を観察し，

① 炭素含有量の推定は，炭素鋼の火花特性表と比較したり，**炭素鋼の火花特性図**と比較して炭素濃度を推定します。

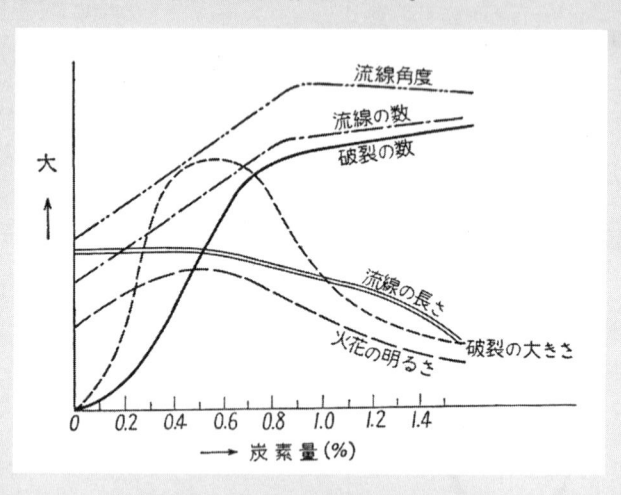

炭素鋼の火花特性図 (JIS G 0566)

② 合金鋼の推定は，鋼種推定手順表と見比べ，**合金元素による火花の特徴**と比較して推定します。低合金鋼と高合金鋼とでは火花の色具合にも注意が必要です。

火花試験

判別できない鋼種や判別困難な場合は，化学分析方法やその他の方法を併用することが規定されています。

試験における安全対策として，グラインダ及びその使用について，労働安全衛

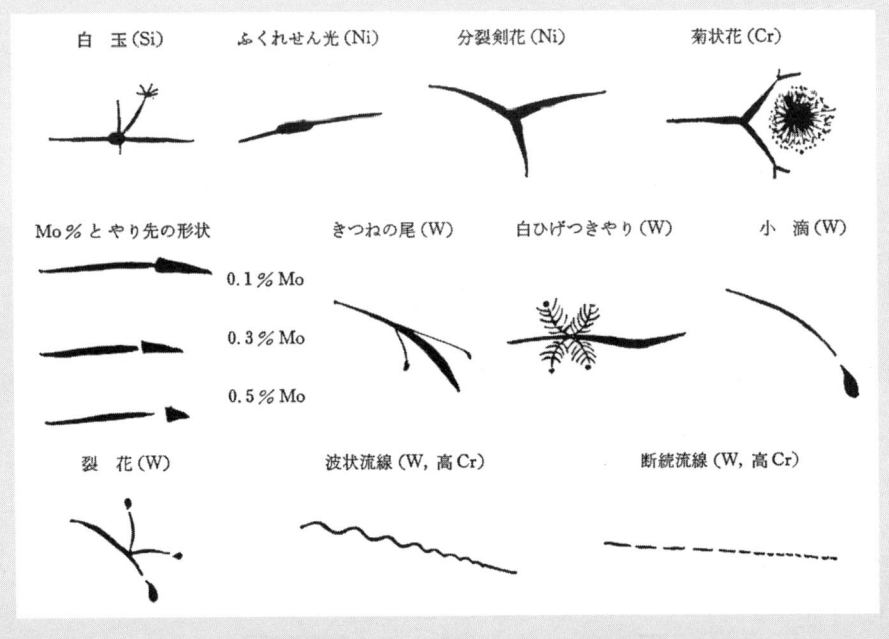

合金元素による火花の特徴（JIS G 0566）

生法及び労働安全衛生規則に従うことが規定されています。

【解　説】

　熱処理作業における異材混入の不具合への対応としては，化学分析は時間がかかり迅速な対応ができません。そこで，標準試験片を常備して，火花試験を行い鋼種の推定を行います。

　炭素含有量は，ほぼ同量で，Cr, Mo が含有された場合の火花形状を比較します。本規格では，炭素鋼と低合金鋼の火花スケッチの例が示されています。

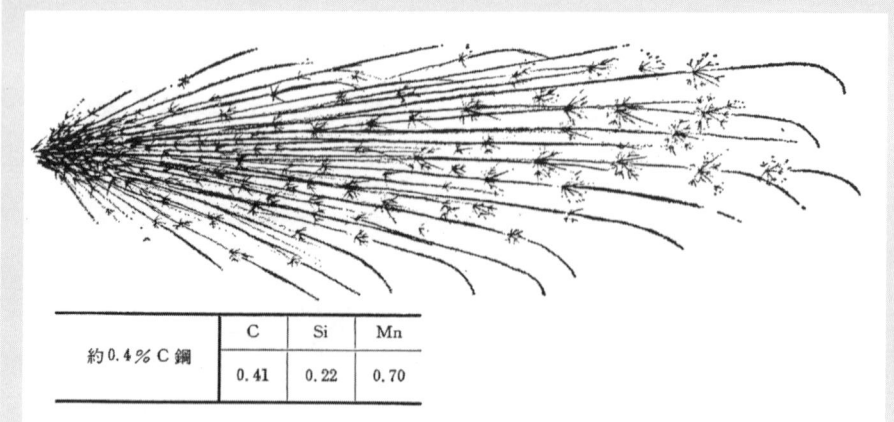

約 0.4％ C 鋼	C	Si	Mn
	0.41	0.22	0.70

1. 破裂は数本破裂 3 段咲き以上で，大きな複雑な破裂形体となる。
2. 流線は細く見える。

炭素鋼の火花スケッチ（JIS G 0566）

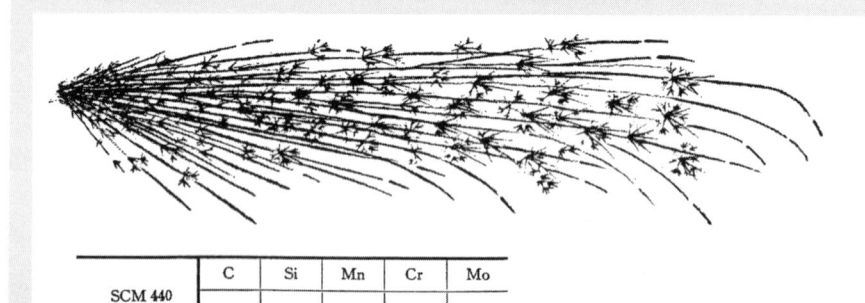

SCM 440	C	Si	Mn	Cr	Mo
	0.40	0.25	0.77	1.04	0.15

1. 約 0.4％ C 鋼の特徴に Mo の特徴であるやり先が認められるが，炭素破裂の影響を受けて Mo の特徴はやや見づらい。

低合金鋼の火花スケッチ（JIS G 0566）

13 鉄鋼の窒化層表面硬さ測定を知る

鉄鋼の窒化層表面硬さ測定は，JIS G 0563（鉄鋼の窒化層表面硬さ測定方法）に規定されています。

【規定内容】

鉄鋼の窒化及び軟窒化加工などによる**窒化層表面硬さ測定**方法については，JIS G 0563（鉄鋼の窒化層表面硬さ測定方法）に規定されています。試験品は，製品そのものを用います。やむを得ない場合には，製品と同一条件で処理した同一鋼種の鉄鋼材料を用いてよいことが規定されています。**表面硬さ測定**は，次の方法が規定されています。

ビッカース硬さ測定方法

窒化層深さが約 0.01 mm 以上の試験品に適用します。被研表面について，ビッカース硬さ試験（JIS Z 2244）により硬さを測定します。

ヌープ表面硬さ測定方法

ヌープ硬さ試験（JIS Z 2251）により硬さを測定します。なお，試験力は 0.9807 N 以下です。

ロックウェルスーパーフィシャル 15N 表面硬さ測定方法

窒化層深さが約 0.2 mm 以上の試験品に適用します。被研表面について，ロックウェルスーパーフィシャル 15 N 硬さ試験（JIS Z 2245）を行うことが規定されています。

ショア硬さ測定方法

窒化層深さが約 0.3 mm 以上の試験品に適用します。被研表面について，ショア硬さ試験（JIS Z 2246）により硬さを測定することが規定されています。

硬さ表示

表面硬さの数値は，原則として第 1 位とします。ただし，ロックウエルスーパーフィシャル 15 N 表面硬さ及びショア表面硬さは，小数点第 1 位まで表してもよ

いことが規定されています。

表面硬さの表示記号

表面硬さの表示記号（JIS G 0563）

表面硬さ	記号
ビッカース表面硬さ	NS-○○HV△
ヌープ表面硬さ	NS-○○HK△
ロックウェルスーパーフィシャル15N表面硬さ	NS-○○HR15N
ショア表面硬さ	NS-○○HS

備考1. NSは，窒化層表面（**参考**：nitrided surface）を示す。

2. NSDは，化合物層を除去した拡散層（**参考**：diffusion zone）を示す。

3. ○○は硬さ値を記入し，△は，試験荷重に対応する硬さ記号の数字を記入する。

例1. ビッカース表面硬さ（試験荷重0.980 7 N）988の場合。
NS-988 HV 0.1

例2. ヌープ表面硬さ（試験荷重0.490 3 N）846の場合。
NS-846 HK 0.05

例3. ロックウェルスーパーフィシャル15N表面硬さ91の場合。
NS-91HR15N

例4. ショア表面硬さ86の場合。
NS-86HS

【解 説】

軟窒化処理した炭素鋼，低合金鋼の表面硬さ測定は，ほとんどがビッカース硬さ試験です。試験力 0.9807 N が用いられます。例えば，S45C 材で 580℃ × 90 分ガス軟窒化処理を行うと，約 8〜12 μm の化合物層が形成されます。この試験品の表面硬さを測定する際は，被研面をエメリー紙♯ 1000 で磨き，その後，羽布研磨をかけて測定します。測定値は，約 450〜550HV の値が得られます。試験品の最表面近傍，数 μm のポーラスにより，測定値にバラツキが生じます。

14 鋼の炎焼入硬化層深さ測定を知る

鋼の炎焼入硬化層深さ測定は，JIS G 0559（鋼の炎焼入及び高周波焼入硬化層深さ測定方法）に規定されています。

【規定内容】

通常，0.3mm を超える鋼の炎焼入れによる硬化層深さを測定する方法については，JIS G 0559（鋼の炎焼入及び高周波焼入硬化層深さ測定方法）に規定されています。

硬化層の測定方法には，以下の方法が規定されています。

硬さ試験による測定方法

試験片の切断面の硬さ試験を行った後，硬さ推移曲線から硬化層深さを測定する方法です。測定手順のポイントは次のとおりです。

（1）**試験片**　硬化面に垂直に切断し，切断面を研磨仕上げして被研面とします。

（2）**被研面**　ビッカース硬さ試験（JIS Z 2244）を行い，硬さ推移曲線を作成した後，その曲線から有効硬化層深さ又は全硬化層深さを測定します。試験力は，通常 2.9 N を使用します。

（3）**被研面の測定位置**　その表面に対して垂直な直線に沿って順次硬さを測定し，硬さ推移曲線を作ります。

（4）**測定点のくぼみ間隔**　ビッカース硬さ試験より硬さ推移曲線を作成する場合の測定点の間隔やくぼみ間隔などが規定されています。

（5）**有効硬化層深さの判定の限界硬さ**　鋼材の炭素含有量により異なります。

マクロ組織試験による測定方法

試験片の切断面を腐食して，低倍率の拡大鏡で観察し，硬化層深さを測定する簡易法です。測定手順のポイントは次のとおりです。

（1）**試験片**　硬化面に垂直に切断し，切断面を研磨仕上げし被研面とします。

（2）**被研面**　5％ナイタル又は硝酸で明りょうな着色状態が得られるように腐食し，この腐食面を水等で洗浄した後，20 倍率の拡大鏡で着色状況を調べます。

（3）**全硬化層深さ**　生地と異なった着色部分の表面からの深さを測定し，全

硬化層深さとします。

(4) **試験片** 通常，炎焼入れした鋼材から採取します。

(5) **硬化層深さの表示** ミリメートルで表示し，小数点以下1位までとします。

硬化層深さの表示記号（JIS G 0559）

硬化層深さ	適用限界硬さ	測定方法		マクロ組織試験による測定方法
		硬さ試験による測定方法[a]		
		ビッカース硬さの場合	ロックウェル硬さの場合	
高周波焼入有効硬化層深さ	表1による限界硬さ	HD-H△-E( )	HD-H□-E( )	—
	最小表面硬さの80%	DS-H△-H( )	DS-H□-H( )	—
炎焼入有効硬化層深さ	表1による限界硬さ	FD-H△-E( )	FD-H□-E( )	—
	最小表面硬さの80%	DS-H△-F( )	DS-H□-F( )	—
高周波焼入全硬化層深さ	—	HD-H△-T	HD-H□-T	HD-M-T
炎焼入全硬化層深さ	—	FD-H△-T	FD-H□-T	FD-M-T

注[a]　△には **JIS Z 2244** の表2（硬さ記号と試験力）における硬さ記号の数字，□には **JIS Z 2245** の表1（ロックウェル硬さ及びロックウェルスーパーフィシャル硬さのスケール及び関連事項）におけるスケール，及び（　）内には表1の限界硬さ，受渡当事者間で協定した値，又は最小表面硬さの80%の限界硬さの値を記入する。

例1　HD-H0.3-E(450)1.5：箇条6のビッカース硬さ試験によって試験力 2.9 N で測定し，450 HV までの高周波焼入有効硬化層深さ 1.5 mm の場合

例2　FD-HC-E(41)1.8：箇条6のロックウェル硬さCスケール試験によって測定し，41 HRC までの炎焼入有効硬化層深さ 1.8 mm の場合

例3　HD-H30N-E(60)1.0：箇条6のロックウェルスーパーフィシャル硬さ試験によって測定し，60 HR30N までの高周波焼入有効硬化層深さ 1.0 mm の場合

例4　HD-M-T3.2：箇条7のマクロ組織試験によって測定し，高周波焼入全硬化層深さ 3.2 mm の場合

例5　DS-H0.3-H(500)1.5：箇条6のビッカース硬さ試験によって試験力 2.9 N で測定し，500 HV までの高周波焼入有効硬化層深さ 1.5 mm の場合

例6　DS-HC-H(50)1.8：箇条6のロックウェル硬さCスケール試験によって測定し，50 HRC までの高周波焼入有効硬化層深さ 1.8 mm の場合

試験報告書 鋼種，試験片の識別，熱処理条件や測定結果などの事項について，必要な場合は報告することが規定されています。

【解　説】

(1) **有効硬化層深さ** 焼入れのまま又は焼入焼戻しした鋼材の表面から，限界硬さの位置までの距離。通常，焼戻し温度は200℃以下。

有効硬化層の限界硬さ（JIS G 0559）

鋼の炭素含有率[a] %	ビッカース硬さ HV	ロックウェル硬さ Cスケール HRC	ロックウェルスーパーフィシャル硬さ		
			HR15N	HR30N	HR45N
0.23 以上　0.33 未満	350	36	78	56	38
0.33 以上　0.43 未満	400	41	81	60	44
0.43 以上　0.53 未満	450	45	83	64	49
0.53 以上	500	49	85	68	54

注 [a]　鋼の炭素含有率は，測定する鋼の規格に規定された炭素含有率範囲の中央値とする。

（2）**全硬化層深さ**　鋼材の表面から，硬化層と生地との物理的又は化学的性質の差異が，もはや区別できない位置までの距離。ここでいう物理的性質は硬さで，化学的性質はマクロ組織で判定します。

（3）**硬さ推移曲線**　鋼材の表面からの垂直距離との関係を表す曲線。

15 鋼の高周波焼入硬化層深さ測定を知る

鋼の高周波焼入硬化層深さ測定は，JIS G 0559（鋼の炎焼入及び高周波焼入硬化層深さ測定方法）に規定されています。

【規定内容】

通常，0.3 mm を超える鋼の高周波焼入れによる硬化層深さの測定については，JS G 0559（鋼の炎焼入及び高周波焼入硬化層深さ測定方法）に規定されています。

硬化層の測定方法には，2種類の方法が規定されています。

硬さ試験による測定方法

試験片の切断面について，硬さ試験を行った後，硬さ推移曲線から硬化層深さを測定する方法です。測定手順のポイントは次のとおりです。

（1）**試験片**　硬化面に垂直に切断し，切断面を研磨仕上げして被研面とします。

（2）**被研面**　ビッカース硬さ試験（JIS Z 2244）を行い，硬さ推移曲線を作成した後，その曲線から有効硬化層深さ又は全硬化層深さを測定します。試験力は通常 2.9 N を使用します。

（3）**被研面の測定位置**　その表面に対して垂直な直線に沿って順次硬さを測定し，硬さ推移曲線を作成します。

（4）**測定点のくぼみ間隔**　ビッカース硬さより硬さ推移曲線を作成する場合の測定点の間隔やくぼみ間隔などが規定されています。

（5）**有効硬化層深さを示す限界硬さ**　鋼材の炭素含有量により異なります。

マクロ組織試験による測定方法

試験片の切断面を腐食して，低倍率の拡大鏡で観察し，硬化層深さを測定する簡易法です。測定手順のポイントは次のとおりです。

（1）**試験片**　硬化面に垂直に切断し，切断面を研磨仕上げし被研面とします。

（2）**被研面**　5％ナイタル又は硝酸で明りょうな着色状態が得られるように腐食し，この腐食面を水等で洗浄した後，20倍率の拡大鏡で着色状況を調べます。

（3）**全硬化層深さ**　生地と異なった着色部分の表面からの深さを測定し，全硬化層深さとします。試験片は，通常，高周波焼入れした鋼材から採取します。

(4) 硬化層深さの表示 ミリメートルで表示し，小数点以下1位までとします。

硬化層深さの表示記号（JIS G 0559）

硬化層深さ	適用限界硬さ	測定方法		マクロ組織試験による測定方法
		硬さ試験による測定方法 [a]		
		ビッカース硬さの場合	ロックウェル硬さの場合	
高周波焼入有効硬化層深さ	表1による限界硬さ	HD-H△-E( )	HD-H□-E( )	−
	最小表面硬さの80 %	DS-H△-H( )	DS-H□-H( )	−
炎焼入有効硬化層深さ	表1による限界硬さ	FD-H△-E( )	FD-H□-E( )	−
	最小表面硬さの80 %	DS-H△-F( )	DS-H□-F( )	−
高周波焼入全硬化層深さ	−	HD-H△-T	HD-H□-T	HD-M-T
炎焼入全硬化層深さ	−	FD-H△-T	FD-H□-T	FD-M-T

注[a] △には JIS Z 2244 の**表2**（硬さ記号と試験力）における硬さ記号の数字，□には JIS Z 2245 の**表1**（ロックウェル硬さ及びロックウェルスーパーフィシャル硬さのスケール及び関連事項）におけるスケール，及び（ ）内には**表1**の限界硬さ，受渡当事者間で協定した値，又は最小表面硬さの 80 % の限界硬さの値を記入する。

例 1 HD-H0.3-E(450)1.5：箇条 6 のビッカース硬さ試験によって試験力 2.9 N で測定し，450 HV までの高周波焼入有効硬化層深さ 1.5 mm の場合

例 2 FD-HC-E(41)1.8：箇条 6 のロックウェル硬さ C スケール試験によって測定し，41 HRC までの炎焼入有効硬化層深さ 1.8 mm の場合

例 3 HD-H30N-E(60)1.0：箇条 6 のロックウェルスーパーフィシャル硬さ試験によって測定し，60 HR30N までの高周波焼入有効硬化層深さ 1.0 mm の場合

例 4 HD-M-T3.2：箇条 7 のマクロ組織試験によって測定し，高周波焼入全硬化層深さ 3.2 mm の場合

例 5 DS-H0.3-H(500)1.5：箇条 6 のビッカース硬さ試験によって試験力 2.9 N で測定し，500 HV までの高周波焼入有効硬化層深さ 1.5 mm の場合

例 6 DS-HC-H(50)1.8：箇条 6 のロックウェル硬さ C スケール試験によって測定し，50 HRC までの高周波焼入有効硬化層深さ 1.8 mm の場合

試験報告書　鋼種，試験片の識別，熱処理条件や測定結果などの事項について必要な場合，報告することが規定されています。

【解　説】

(1) 有効硬化層深さ　焼入れのまま又は焼入焼戻しした鋼材の表面から，限界硬さの位置までの距離。通常，焼戻し温度は 200℃以下です。

有効硬化層の限界硬さ（JIS G 0559）

鋼の炭素含有率 [a]	ビッカース硬さ	ロックウェル硬さCスケール	ロックウェルスーパーフィシャル硬さ		
%	HV	HRC	HR15N	HR30N	HR45N
0.23 以上　0.33 未満	350	36	78	56	38
0.33 以上　0.43 未満	400	41	81	60	44
0.43 以上　0.53 未満	450	45	83	64	49
0.53 以上	500	49	85	68	54

注[a] 鋼の炭素含有率は，測定する鋼の規格に規定された炭素含有率範囲の中央値とする。

(2) 全硬化層深さ 鋼材の表面から，硬化層と生地との物理的又は化学的性質の差異が，もはや区別できない位置までの距離。ここでいう物理的性質は硬さで，化学的性質はマクロ組織で判定します。

(3) 硬さ推移曲線 鋼材の表面からの垂直距離との関係を表す曲線。

16 金属材料の引張試験を知る

金属材料の引張試験は，JIS Z 2241（金属材料引張試験方法）に規定されています。

【規定内容】

金属材料の引張試験方法及び室温で測定できる金属材料の機械的性質については，JIS Z 2241（金属材料引張試験方法）に規定されています。

金属材料の伸び，絞り，引張強さ，降伏応力，耐力などの一つ又は複数の機械的性質を測定するために，試験片に引張試験力を加え，通常，破断に至るまでひずみを与えます。

特に規定のない場合に限り，10～35℃の範囲の室温で行います。温度管理が必要な場合は，23±5℃で行わなければならないとされています。主な規定項目は以下のとおりです。

試験片

形状及び寸法は，試験片を採取する金属材料の形状及び寸法によって制約を受ける可能性があります。通常，金属材料から採取した供試材を機械加工するか，打ち抜き又は鋳込みによって作製します。断面が一様な金属材料及び鋳込みのままの試験片の場合は，機械加工せずに試験を行ってもよいことが規定されています。

また，金属材料の断面は，円，正方形，長方形，管又は特別な場合には，その他の均一な断面でもよいことが規定されています。

試験片の種類

材料の形状と種類に従い，本規格（JIS Z 2241）の附属書B～附属書Eに規定されています。

試験片の調整

以下の項目，記号が規定されています。

原断面積の測定，原標点距離のマーキング，試験機の精度，試験条件，上降

chapter 2 ● *81*

伏応力の測定，下降伏応力 ReL の測定，耐力（オフセット法）Rp，耐力（全伸び法）Rt，永久伸び法による耐力 Rr の検証方法，降伏伸び（％）Ae の測定，最大試験力時塑性伸び（％）Ag の測定，最大試験力時全伸び（％）Agt の測定，破断時全伸び（％）At の測定，破断伸び（％）A の測定，絞り Z の測定，試験報告書，測定の不確かさ

【解　説】

試験片に引張試験力を加え，試験力を大きくしながら試験片の伸びを測定します。

軟　鋼

弾性限度の点 A までは，応力は伸びに比例して増加します。この点は応力を除けば伸びが 0 に戻る点で比例限度になります。これより応力が増加すると元の長さに戻らなくなる**塑性変形**が始まります。Y〜Y´ では，応力の増加が一定でも伸びだけが増加します。

この現象を**降伏**といい，そのときの応力が**降伏応力**となります。さらに応力が増加すると最大試験力 Rm で試験片にくびれが生じ，試験片の断面積が小さくなります。この最大試験力 Rm に対応する応力を**引張強さ**といいます。

黄　銅

軟鋼の場合と異なり，明らかな降伏応力は見られません。応力を除いた後の伸びを測定し，例えば，0.2（％）の規定された伸びと離れたところに平行な線を引いて耐力を求めます（オフセット法）。

鋳　鉄

応力を増加していくと，伸びもほぼ比例して増加し破断します。この破断点が最大試験力 Rm に対応する応力となり引張強さとなります。

17 金属材料のシャルピー衝撃試験を知る

金属材料のシャルピー衝撃試験は，JIS Z 2242（金属材料のシャルピー衝撃試験方法）に規定されています。

【規定内容】

金属材料に衝撃を与えて，吸収されるエネルギーを決めるシャルピー衝撃試験方法については，JIS Z 2242（金属材料のシャルピー衝撃試験方法）に規定されています。

この試験では，次の条件下で振り子の一振りによって，**ノッチ**（**切欠部**）を付けた試験片を破断して行います。

試験片のノッチ部分は，指定された形状を持ち，試験時に衝撃方向と反対に位置する二つの受け台の中心に置きます。多くの金属材料の衝撃値は，試験温度によって変化するため，試験は指定された温度で行うことが規定されています。その温度が室温でない場合は，試験片は，その温度で管理された状態で加熱又は冷却しなければならないことが規定されています。

主な規定項目は，試験片，試験機，試験手順，試験結果の報告です。

【解 説】

材料の粘り強さは，衝撃試験によって調べます。**衝撃試験**は，振り子形のハンマで試験片を破断し，破断するのに要したエネルギーからその材料の衝撃値を求めます。衝撃値の大きいものほど粘り強さが大きいといえます。

この試験では，試験片（断面 10 mm×10 mm, 長さ 55 mm）を支持台で支え，ノッチを支持台間の中央に置き，ハンマ（質量 W, 回転軸からハンマ重心までの距離 R）を角度 α まで持ち上げて振り下ろし，試験片のノッチの背面から破断します。試験片破断後，角度 β まで振り上がったとすると，破断の前後におけるハンマのエネルギーの差 K は

$K = WR (\cos \beta - \cos \alpha)$ [J] となります。

K は，破断時に試験片が吸収したエネルギーとみなし，K を試験片ノッチ部の断面積で除した値を**シャルピー衝撃値**とし，粘り強さの程度を表す指標として用います。

18 金属材料のブリネル硬さ試験を知る

金属材料のブリネル硬さ試験は，JIS Z 2243（ブリネル硬さ試験－試験方法）に規定されています。

【規定内容】

金属材料のブリネル硬さ試験方法については，JIS Z 2243（ブリネル硬さ試験－試験方法）に規定されています。ただし，適用する硬さの上限は，650HBWとしています。

硬さ測定原理

超硬合金の圧子を，試料の表面に押し込み，その試験力（F）を解除した後，表面に残ったくぼみの直径（d）を測定することを原理とする試験方法です。

記号及び表示例

記号及びその内容が規定されています。

記号及びその内容（JIS Z 2243）

記号	内容	単位
D	圧子の直径	mm
F	試験力	N
d	くぼみの平均直径　$d = \dfrac{d_1 + d_2}{2}$	mm
h	くぼみの深さ $$h = \dfrac{D}{2}\left(1 - \sqrt{1 - d^2/D^2}\right)$$	mm
HBW	ブリネル硬さ $$= 定数^{a)} \times \dfrac{試験力}{くぼみの表面積}$$ $$HBW = 0.102 \times \dfrac{2F}{\pi D^2 \left(1 - \sqrt{1 - d^2/D^2}\right)}$$	
$0.102 \times F/D^2$	試験力-直径比	N/mm²

注 a) 定数 $= 0.102 \approx \dfrac{1}{9.80665}$
ここで，9.80665 は，kgf から N への単位換算係数である。

試験機

試験力が 9.807 N 〜 29.42 kN の範囲で負荷できるものと規定されています。具体的な試験機，圧子，測定装置については，JIS B 7724（ブリネル硬さ試験－試験機の検証）に規定されています。

試料（試験片）

試験面，前処理，試料の厚さについて規定しています。なお，試験片の最少厚さについては，本規格（JIS Z 2243）附属書 A に規定されています。

実際の試験

試験環境の温度，試験力，そしてその試験力の決定，試料の保持，試験力の負荷，測定装置の保護，くぼみの中心間距離，くぼみの平均直径の決定そして硬さ値の決定などが規定されています。

測定結果の不確かさの検証

硬さ基準片を使用した間接検証方法が規定されています。

試験報告書

必要な報告事項が規定されています。

【解　説】

ブリネル硬さ試験は，次のような処理材に用いられています。
① 棒鋼，板材などの焼ならし，焼なまし，固溶化処理品
② 棒鋼の焼入れ，焼戻し処理品

などの測定に用いられます。

圧痕は，他の試験方法に比べ大きく，その分，広い組織にわたることから，平均的に硬さを測定できます。

19 金属材料のビッカース硬さ試験を知る

金属材料のビッカース硬さ試験は，JIS Z 2244（ビッカース硬さ試験－試験方法）に規定されています。

【規定内容】

試験力が 98.07 mN 以上の主に金属材料のビッカース硬さ試験方法については，JIS Z 2244（ビッカース硬さ試験－試験方法）に規定されています。試験力の範囲から 3 分類されています。

試験力の範囲（JIS Z 2244）

試験力（F）の範囲 N	硬さの記号	分類
$F \geqq 49.03$	HV5 以上	ビッカース硬さ試験
$1.961 \leqq F < 49.03$	HV0.2 以上，HV5 未満	低試験力ビッカース硬さ試験
$0.09807 \leqq F < 1.961$	HV0.01 以上，HV0.2 未満	マイクロビッカース硬さ試験

試験方法の原理

四角すいのダイヤモンド圧子を試料の表面に押し込み，その試験力を解除した後，表面に残ったくぼみの対角線総長さを測定する方法です。その原理図が示されています。

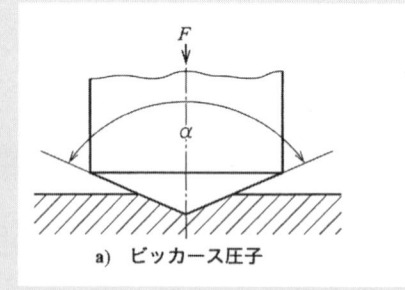

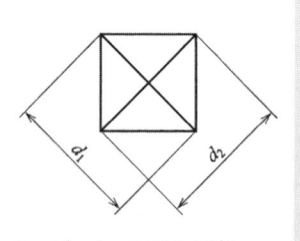

a) ビッカース圧子 b) ビッカース硬さくぼみ

試験の原理（JIS Z 2244）

実際の測定

試料表面にできたくぼみの d_1，d_2 の長さを測定します。

記号及び硬さの表示内容

表示例が示されています。

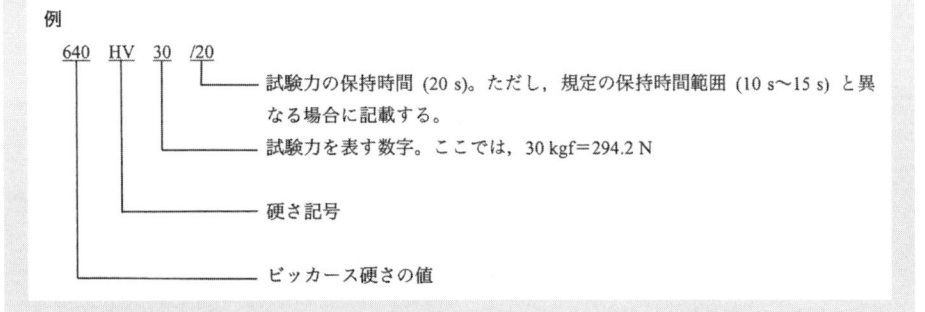

例

```
640   HV   30   /20
 │     │    │    │
 │     │    │    └── 試験力の保持時間 (20 s)。ただし，規定の保持時間範囲 (10 s～15 s) と異
 │     │    │        なる場合に記載する。
 │     │    └─────── 試験力を表す数字。ここでは，30 kgf＝294.2 N
 │     └──────────── 硬さ記号
 └────────────────── ビッカース硬さの値
```

試料（試験片）

材料指定がない限り，表面が平滑で清浄な状態であること，試験片の厚さ，曲面測定の際の補正などが規定されています。

実際の試験

① 環境温度 10～35℃とし，管理条件下の場合は，別途規定しています。
② 試験力については，示されている値にとらわれなくてよいとしています。
③ 圧子の試験面への時間，試験力到達時間，試験面におけるくぼみの位置などが規定されています。

くぼみの位置（JIS Z 2244）

試料（試験片）の材質	鋼，ニッケル合金，チタン合金，銅及び銅合金	軽金属（チタン合金を除く），鉛，すず及びそれらの合金
くぼみの中心間の距離 [a]	$3d$ 以上	$6d$ 以上
くぼみの中心から試料（試験片）の縁までの距離	$2.5d$ 以上	$3d$ 以上
注 [a] 隣り合う二つのくぼみの大きさが異なる場合には，d は大きい方のくぼみの平均対角線長さとする。		

chapter 2 ● 87

測定結果の不確かさの評価方法

直接方法と間接方法が規定されています。

試験報告書

受渡当事者間の協定により掲げている項目から選択することが規定されています。

【解　説】

ビッカース硬さ試験の中の**マイクロビッカース**は，浸炭，窒化，高周波焼入れ，電気めっき，表面改質（CVD，PVD），溶射など，比較的薄い硬化層の表面硬さや，硬化層深さの測定に用いられています。

マイクロビッカース硬さ試験

200倍〜1000倍の視野で組織観察しながら測定できる特徴があります。軽く観察組織面を腐食することで，ミクロ組織の硬さを試験力を小さくして測定することができます。

20 金属材料のロックウェル硬さ試験を知る

金属材料のロックウェル硬さ試験は，JIS Z 2245（ロックウェル硬さ試験－試験方法）に規定されています。

【規定内容】

金属材料に関するロックウェル硬さ試験方法については，JIS Z 2245（ロックウェル硬さ試験－試験方法)に規定されています。ロックウェルスーパーフィシャル硬さを含む試験方法の各スケール及び適用する範囲が規定されています。

**ロックウェル硬さ及びロックウェルスーパーフィシャル硬さの
スケール及び関連事項（JIS Z 2245）**

	スケール	硬さ記号	圧子	初試験力 F_0 N	追加試験力 F_1 N	全試験力 F N	適用する範囲
ロックウェル硬さ	A [a]	HRA	円すい形ダイヤモンド	98.07	490.3	588.4	20～ 88 HRA
	B [b]	HRB	球 1.587 5 mm	98.07	882.6	980.7	20～100 HRB
	C [c]	HRC	円すい形ダイヤモンド	98.07	1 373	1 471	20～ 70 HRC
	D	HRD	円すい形ダイヤモンド	98.07	882.6	980.7	40～ 77 HRD
	E	HRE	球 3.175 mm	98.07	882.6	980.7	70～100 HRE
	F	HRF	球 1.587 5 mm	98.07	490.3	588.4	60～100 HRF
	G	HRG	球 1.587 5 mm	98.07	1 373	1 471	30～ 94 HRG
	H	HRH	球 3.175 mm	98.07	490.3	588.4	80～100 HRH
	K	HRK	球 3.175 mm	98.07	1 373	1 471	40～100 HRK
ロックウェルスーパーフィシャル硬さ	15N	HR15N	円すい形ダイヤモンド	29.42	117.7	147.1	70～ 94 HR15N
	30N	HR30N	円すい形ダイヤモンド	29.42	264.8	294.2	42～ 86 HR30N
	45N	HR45N	円すい形ダイヤモンド	29.42	411.9	441.3	20～ 77 HR45N
	15T	HR15T	球 1.587 5 mm	29.42	117.7	147.1	67～ 93 HR15T
	30T	HR30T	球 1.587 5 mm	29.42	264.8	294.2	29～ 82 HR30T
	45T	HR45T	球 1.587 5 mm	29.42	411.9	441.3	10～ 72 HR45T

注記　ISO 6508-1 では，製品規格又は受渡当事者間の協定がある場合に，径が，6.350 mm から 12.70 mm の球圧子を用いてもよいこととしている。
注 [a]　炭化物の試験に対して，94 HRA まで適用する範囲を広げてもよい。
　　[b]　製品規格又は受渡当事者間の協定がある場合に，10 HRBW 又は 10 HRBS まで適用する範囲を広げてもよい。
　　[c]　圧子が適切な寸法の場合に，10 HRC まで適用する範囲を広げてもよい。

原　理

圧子（円錐形ダイヤモンド，鋼球又は超硬合金球）を試料の表面に，指定された条件に従い，2段階で押し込みます。追加試験力を除去した後の初試験力下における，永久くぼみ深さ h を測定する試験方法です。

硬さ記号

種々の試験方法による硬さ記号が規定されています。

(1) スケール A，C 及び D のロックウェル硬さは，HR という記号の前に硬さ値を示し，最後にそのスケールを表す文字を付けて表す。

例　59HRC：ロックウェル硬さ 59，C スケールで測定。

(2) スケール N のロックウェルスーパーフィシャル硬さは，HR という記号の前に硬さを示し，記号の後に数字（全試験力に対応する 0.102F の値）及びスケールを表す N という文字を付けて表示する。

例　70HR30N：ロックウェルスーパーフィシャル硬さ 70，全試験力 294.2 N の 30 N スケールで測定。

試　料

滑らかで凹凸がなく，酸化物被膜（スケール）及び異物，潤滑剤の付着のない表面であることが規定されています。

試　験

試験温度は一般に 10 〜 35℃の範囲内とし，試料，圧子，センタリング V ブロック及び試料ホルダーが垂直線上に配置されることが規定されています。

試験報告

本規格（JIS Z 2245）に準拠して実施した旨，試験温度，得られた結果などについて報告することが規定されています。

【解　説】

(1) ロックウェル硬さ試験方法は，最も熱処理現場で用いられている試験方法です。圧子，試験力により各種のスケール表示があります。

(2) このスケールは，試料の厚さ，形状，硬化層深さ，材質などにより選択されます。例えば，浸炭処理における**表面硬さ測定**は，有効硬化層深さによって，スケールが選択されます。

21 金属材料のショア硬さ試験を知る

金属材料のショア硬さ試験は，JIS Z 2246（ショア硬さ試験—試験方法）に規定されています。

【規定内容】

主として金属材料のショア硬さ試験方法については，JIS Z 2246（ショア硬さ試験—試験方法）に規定されています。適用硬さ範囲は，5〜105HSとしています。

ショア硬さの原理

ダイヤモンドハンマを一定の高さから落下させ，その跳ね上がり高さに比例する値として求める方法です。

硬さ記号

HSと表示することが規定されています。硬さ表示は，硬さ測定値が32であれば，32HSと表示します。

試験機

JIS B 7727（ショア硬さ試験—試験機の検証）によって検証された装置を用いることが規定されています。

試 料

平面であること及び質量，厚さなどが規定されています。

試 験

試験時の環境温度，基準片による事前チェック，硬さ測定の際の試料台への押しつける力の量，試験機の操作方法などが規定されています。

測定した硬さ値の算出

読み取り値は0.5HSまでとし，測定回数は5点としその平均値を測定値とす

ることが規定されています。

試験の報告

本規格（JIS Z 2246）に準拠して実施した旨，試料の識別，試験温度，試験結果などについて報告することが規定されています。

【解　説】

硬さ測定方法は，4種類が規定されていますが，唯一測定原理が異なり，ダイヤモンドハンマの跳ね上がり高さで求める方法です。

スタンド式で測定しますが，測定部を分離し，大型試料の測定もできる便利な試験機です。しかし，測定部が斜めになった状態でダイヤモンドハンマを落下させると，測定値にばらつきが生じる恐れがあり，注意が必要です。

22 金属材料のヌープ硬さ試験を知る

金属材料のヌープ硬さ試験は，JIS Z 2251（ヌープ硬さ試験−試験方法）に規定されています。

【規定内容】

0.09807 N 以上 19.614 N 以下の試験力による金属材料のヌープ硬さ試験方法については，JIS Z 2251（ヌープ硬さ試験−試験方法）に規定されています。なお，0.020 mm 以上のくぼみの対角線長さに適用することが望ましいとしています。

試験方法の原理

対りょう（稜）角（α 及び β）が 172.5°及び 130°で底面がひし形のダイヤモンド圧子を試料（試験片）の表面に押し込み，その試験力 F を解除した後，表面に残ったくぼみの長い方の対角線長さ d を測定する試験方法です。

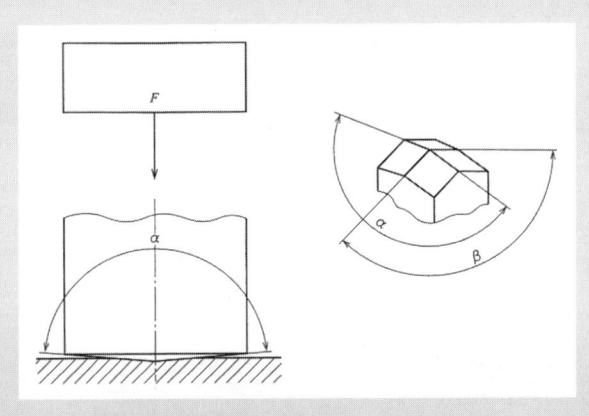

試験の原理及び圧子の形状（JIS Z 2251）

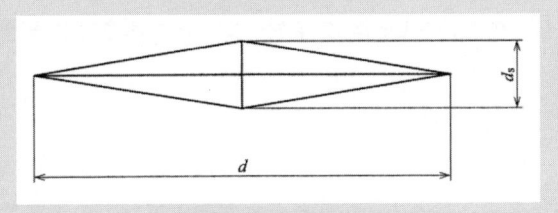

ヌープくぼみ（JIS Z 2251）

記号及び内容

記号及びその内容，表示例が規定されています。

記号及びその内容（JIS Z 2251）

記号	内容
F	試験力，N
d	長い方の対角線の長さ，mm
c	圧子定数（くぼみの投影面積と長い方の対角線長さの二乗との関係） $c = \dfrac{\tan\dfrac{\beta}{2}}{2\tan\dfrac{\alpha}{2}}$，理想的には，$c = 0.070\,28$ ここに，α 及び β は，ダイヤモンド圧子のそれぞれの対りょうの角（図1参照）。
HK	ヌープ硬さ ＝ 定数 × 試験力 ／ くぼみの投影面積 $= 0.102 \times \dfrac{F}{cd^2} = 1.451 \times \dfrac{F}{d^2}$
注記	定数＝$0.102 \approx \dfrac{1}{9.806\,65}$，ここで，9.806 65 は，kgf から N への変換係数

例

```
640   HK   0.1   /20
```

- 試験力の保持時間（20 s）。ただし，規定の保持時間範囲（10 s～15 s）と異なる場合に記載する。
- 試験力を表す数字。ここでは，1 kgf＝9.806 65 N
- 硬さ記号
- ヌープ硬さの値

試験機，圧子及び測定装置

JIS B 7734（ヌープ硬さ試験－試験機の検証）に規定されています。試験機の試験力は 0.09807 N ～ 19.614 N の範囲と規定しています。また，圧子については，形状がひし形の四角すい(錐)ダイヤモンドとすることが規定されています。

測定装置

光学部はケーラー照明をもつこと，そして倍率は，長い方の対角線が視野の 25% を超え 75% 未満となるようにすることが規定されています。

試料（試験片）

　研磨され滑らかであり，異物の付着がなく，潤滑油は材料規格で規定のない限り，完全に除去することが規定されています。

　特にヌープ硬さのくぼみは小さいことから，調整時には細心の注意を払い，測定する材料に適した研磨，電解研磨を用いることが規定されています。

試　験

　試験温度，試験力，試料（試験片）の表面状態，圧子のセットと試験力の負荷，くぼみの長い方の対角線の測定と硬さ値の求め方，変形くぼみからの試料面の平行度の修正などが規定されています。

試験報告

　本規格（JIS Z 2251）によって試験を実施した旨，試料の識別，試験結果などについて報告することが規定されています。

【解　説】

　ガス軟窒化処理における表面硬さ測定は，通常表面を羽布研磨後，マイクロビッカースにて測定します。しかし，化合物層の最表面近傍に形成されるポーラス層の影響から圧痕が変形して測定不可能になったり，低めの硬さ値を示します。そこで試料を切断し，組織観察する工程を経て化合物層の断面を測定します。

　その際，化合物層の組織を観察しながらポーラスのないところを狙って測定します。測定には，ヌープ硬さ試験機が有効です。幅が狭く，長手方向に長いヌープ圧子を均一に測定できます。

23 磁粉探傷試験の一般通則を知る

磁粉探傷試験は，JIS Z 2320-1（非破壊試験－磁粉探傷試験－第1部：一般通則）に規定されています。

【規定内容】

磁粉探傷試験方法の一般通則については，JIS Z 2320-1（非破壊試験－磁粉探傷試験－第1部：一般通則）に規定されています。

試験体表面の処理，磁化方法，検出媒体への要求事項及び適用方法，並びに結果の記録と説明を含む，強磁性体の磁粉探傷試験のための一般的な通則が規定されています。

主な規定項目は，以下のとおりです。

① 技術者の資格及び認証
② 安全上の予防措置
③ 試験手順
④ 検査性能の確認方式，及び試験方法の分類
⑤ 工程確認方式
⑥ 標準試験片確認方式
⑦ 磁粉模様の観察
⑧ 磁粉模様の分類，記録及びきずに関する情報
⑨ 脱　磁
⑩ 清掃及び防食
⑪ 試験報告書

さらに技術者の資格及び認証は，JIS Z 2305（非破壊試験－技術者の資格及び認証），検出媒体は，JIS Z 2320-2（非破壊試験－磁粉探傷試験－第2部：検出媒体），装置は，JIS Z 2320-3（非破壊試験－磁粉探傷試験－第3部：装置）に規定されています。

工程確認方式の試験方法の分類（JIS Z 2320-1）

分類の条件	分類
磁粉の適用時期	連続法
磁粉の種類	蛍光磁粉，非蛍光磁粉
検出媒体の種類	乾式法，湿式法
磁化電流の種類	直流，脈流，交流
磁化方法	軸通電法，プロッド法，磁束貫通法，電流貫通法，隣接電流法，極間法，コイル法

標準試験片確認方式の試験方法の分類（JIS Z 2320-1）

分類の条件	分類
磁粉の適用時期	連続法，残留法
磁粉の種類	蛍光磁粉，非蛍光磁粉
検出媒体の種類	乾式法，湿式法
磁化電流の種類	直流，脈流，交流，衝撃電流
磁化方法	軸通電法，直角通電法，プロッド法，電流貫通法，コイル法，極間法，磁束貫通法

【解　説】

磁粉探傷試験

　鉄鋼材料などの強磁性体製品において，その機械的特性に大きな影響を及ぼす表面及びその近傍（2～3 mm 程度）の微細な割れ状の欠陥を探傷する試験です。

試験の主な操作

　試験体の磁化，磁粉の適用及び磁粉模様の観察です。原理は，試験体に欠陥があると磁束の流れが抵抗を受けることで試験体表面に漏洩磁束が発生し，磁束が試験体表面から飛び出す箇所と戻る箇所にそれぞれ N 極と S 極の磁極ができ，局部的な磁石となります。ここに強磁性体の磁粉を散布することで吸着した磁粉模様を観察します。

24 磁粉探傷試験の検出媒体を知る

磁粉探傷試験の検出媒体は，JIS Z 2320-2（非破壊試験－磁粉探傷試験－第2部：検出媒体）などに規定されています。

【規定内容】

磁粉探傷試験方法の検出媒体は，JIS Z 2320-2（非破壊試験－磁粉探傷試験－第2部：検出媒体）において，磁粉探傷試験材料（検査液，磁粉，分散媒及びコントラストペイント）の特性項目及び特性の試験方法などが規定されています。

主な規定項目

検出媒体及びコントラストペイント，試験及び試験証明書，要求事項，試験方法，試験報告書，包装，ラベル及び容器などが規定されています。

なお，安全上の予防措置については，JIS Z 2320-1（非破壊試験－磁粉探傷試験－第1部：一般通則）の箇条5に規定されています。

磁粉探傷試験の装置

JIS Z 2320-3（非破壊試験－磁粉探傷試験－第3部：装置）において，磁粉探傷試験のための3様式の装置（可搬形電磁石，定置形磁化台及び専用試験システム）を構成する磁化装置，脱磁装置，照明装置，及び観察装置などが規定されています。

この規格は，磁粉探傷試験に使用する装置の特性について規定していますが，この特性に関わる主な規定項目としては，装置の様式（可搬形電磁石，定置形磁化台，専用試験システム），磁化電源，ブラックライト，検出媒体循環システム，検査室，脱磁装置，測定などが規定されています。

【解 説】

磁粉探傷試験に用いられる磁粉

蛍光磁粉

暗闇でブラックライト試験体に照射しながら観察する必要があります。非蛍光磁粉に比べてコントラストが高いため，付着量の少ない磁粉模様や観察しにく

い部分にある磁粉模様の検出が容易です。疲労割れのような微細な割れの検出能力が優れています。しかし，時間の経過とともに蛍光剤が劣化する弱点があります。

非蛍光磁粉

蛍光を発する処理をしていない磁粉で可視光線の下で磁粉模様を観察します。磁粉を散布することを非破壊検査では**磁粉の適用**といいます。磁粉の散布で液体（水，ケロシン）に磁粉を懸濁させて散布する湿式法と，空気の流れを利用し磁粉の散布を行う乾式法があります。

検査液

欠陥に起因した磁粉模様を洗い流さないようにノズルを付けたプラスチック製の容器に検査液を入れて注ぎ込む方法が一般に用いられています。

磁化器の保守管理

日常管理では，作業開始前に電極の摩耗や握部のき裂，コードの破損についての保守管理，定期管理では，1年ごとの磁束及び抵抗の測定を行う必要があります。

25 目視基準ゲージを知る

目視基準ゲージは，JIS Z 2340（目視基準ゲージを用いた浸透探傷試験及び磁粉探傷試験）に規定されています。

【規定内容】

目視基準ゲージを用いて浸透探傷試験（PT）及び磁粉探傷試（MT）において得られた指示模様を直接的又は間接的に目視観察する条件を確認する方法については，JIS Z 2340（目視基準ゲージを用いた浸透探傷試験及び磁粉探傷試験の目視観察条件の確認方法）に規定されています。

なお，この規格の適用，試験の具体的内容及び評価については，試験発注者と受注者との間で取り決めるものと規定されています。仕様書，規格などで目視観察条件が指定されている場合は，それによることができることが規定されています。

主な規定項目

① 目視観察時の一般事項
② 観察（観察基準ゲージ，観察面の状況）
③ 再観察
④ 記録
⑤ 判定基準

【解 説】

目視基準ゲージ

目視で必要とする分解能を確認するため，類似する色調を用いた線（ラインペア）を透明な素材に印刷した基準ゲージのことです。

この**ラインペア**は，明度の異なる一対の線条の組合せから構成され，**ラインペア値**とは，分解能を表す方法として使われる数値です。1 mm 当たりのラインペアの数で表されます。必要なラインペアが確認できるかチェックして観察条件の調整に使用します。

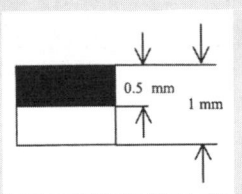

1 LP/mm を例とした黒線の幅（JIS Z 2340）

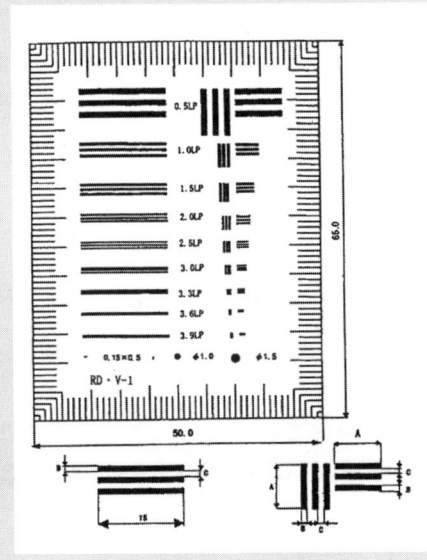

単位 mm

LP	A	B	C
0.5	8.0	1.00	1.00
1.0	4.0	0.50	0.50
1.5	2.6	0.33	0.33
2.0	2.0	0.25	0.25
2.5	1.6	0.20	0.20
3.0	1.3	0.17	0.17
3.3	1.2	0.15	0.15
3.6	1.1	0.14	0.14
3.9	1.0	0.13	0.13

大型目視基準ゲージ（JIS Z 2340）

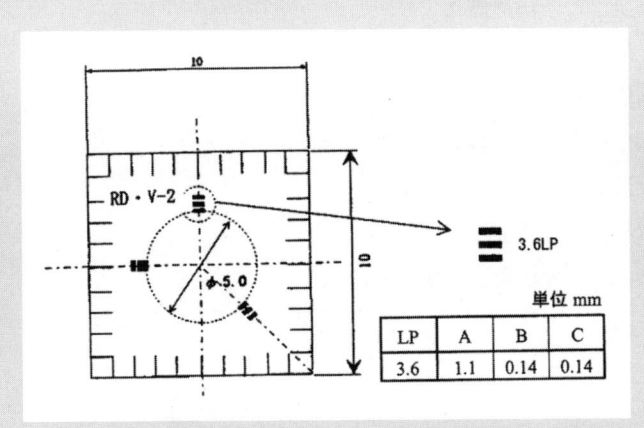

単位 mm

LP	A	B	C
3.6	1.1	0.14	0.14

小型目視基準ゲージ（JIS Z 2340）

26 浸透探傷試験を知る

浸透探傷試験は，JIS Z 2343-1（**浸透探傷試験：浸透探傷試験方法及び浸透指示模様の分類**）に規定されています。

【規定内容】

浸透探傷試験については，JIS Z 2343-1（非破壊試験―浸透探傷試験―第1部：一般通則：浸透探傷試験方法及び浸透指示模様の分類）において，製造中，共用中の材料及び製品の表面に開口しているきず（き裂，重なり，しわ，ポロシティ及び融合不良）を検出するために用いる浸透探傷試験方法，並びにきずによる浸透探傷指示模様の分類方法が規定されています。

試　験

主として金属材料に特定されますが，探傷試験用材料に侵されず，多孔質（ポーラス）でなければ他の材料にも適用できます。その他の適用材料例としては，鋳造品，鍛造品，溶接部材，セラミックス材などがあります。使用される浸透探傷試験用の製品の基本的な性質を判断し，監視する方法は，JIS Z 2343-2（非破壊試験―浸透探傷試験―第2部：浸透探傷剤の試験），JIS Z 2343-3（非破壊試験―浸透探傷試験―第3部：対比試験片）に規定されています。

主な規定項目は，以下のとおりです。

① 安全上の予防措置
② 一般事項
③ 探傷剤の組合せ，感度及び分類
④ 探傷剤及び試験体の適合性
⑤ 試験手順
⑥ 試験報告書及び様式
⑦ 探傷指示模様及びきずの分類
⑧ 表示

【解 説】

浸透探傷試験

　金属又は非金属表面にある微細なきずなどの欠陥を検査する方法です。試験体が多孔質以外の非磁性体でも非導電性材料など、大抵の材料に適用できます。代表的な探傷剤としては、浸透液、洗浄液及び現像液があります。

探傷剤

　ほとんどが有機溶剤を基剤としているため引火性、揮発性があり試験実施時には、安全衛生上十分な注意が必要です。また、洗浄水の処理にも配慮する必要があります。浸透液と現像液によって現れた欠陥模様を**指示模様**といいます。指示模様の知覚は、明るい場所で観察する**染色浸透探傷試験**と暗い場所で蛍光色の輝きを観察する**蛍光探傷試験**があります。

染色浸透探傷試験

　赤色の浸透液を使用します。注意点としては、室内の光源が白色光で指示模様が十分知覚できる明るさが必要です。色の入った眼鏡を使用しないことが規定されています。

蛍光探傷試験

　指示模様が十分知覚できる暗さが必要です。ブラックライト（紫外線照射灯）で一様に試験面を照射し、さらに手又は検査台に蛍光浸透液が付着していないことに注意が必要です。

27 浸透探傷試験の浸透探傷を知る

浸透探傷試験の浸透探傷は，JIS Z 2343-2（非破壊試験―浸透探傷試験―第2部：浸透探傷剤の試験）に規定されています。

【規定内容】

浸透探傷試験方法の浸透探傷剤の試験は，JIS Z 2343-2（非破壊試験―浸透探傷試験―第2部：浸透探傷剤の試験）に規定されています。

また，JIS Z 2343-1（非破壊試験―浸透探傷試験―第1部：一般通則：浸透探傷試験方法及び浸透指示模様の分類）に規定されている浸透探傷試験に使用する浸透探傷剤に対する形式試験及びロット試験についての技術的要求事項及び試験手順，現場における探傷剤の管理試験とその方法についても規定されています。

探傷剤

浸透液，余剰浸透液の除去剤及び現像剤に分類され，さらに浸透液はタイプ，除去剤は方法，現像剤はフォームによってそれぞれ細分化されています。

感度レベル

浸透液，余剰浸透液の除去剤及び現像剤について個々に定義されています。さらに探傷剤の組合せごとに定義されており，蛍光浸透液，染色浸透液，二元性浸透液の感度レベルなどが規定されています。

探傷剤の試験

種類，報告，要求される試験などが規定されています。

試験方法及び要求事項

外観，浸透探傷システムの感度，密度，粘度，引火点，洗浄性，蛍光光度，紫外線安定性，熱安定性，水分許容性，腐食性，硫黄及びハロゲン含有量（低ハロゲン，低硫黄用探傷剤），蒸発残査/固形分の含有量，浸透液含有量，現像剤の性能，再分散性，溶媒の濃度，製品性能，粒子径の分布，水分含有量などが規定されています。

包装及びラベル表示

包装及びラベル表示が規定されています。

【解　説】

探傷剤

浸透液は，染料で黄緑色や蛍光色に着色して更に欠陥の中に浸透する働きをします。洗浄液は，欠陥以外に漏れている浸透液を取り除く働きをします。現像液は，欠陥に残った浸透液を表面に吸出し拡大させ浸透液の色と対比して欠陥を見やすくしたり，黄緑色の輝きを強くしたりする働きをします。

洗浄方法

主なものとして，水に乳化液を添加し余剰液を洗浄する**水洗性浸透液**，有機溶剤で余剰液を洗浄する**溶剤除去性浸透液**，浸透処理を終えた後に乳化剤を後から塗って水で洗浄できるようにした**後乳化性浸透剤**があります。

現像剤

一般的に乾式現像剤，湿式現像剤及び速乾式現像剤が使用されています。探傷剤を長期にわたって使用する場合は，使用者の義務としてその探傷剤の性能を定期的に管理確認することも必要です。

28 浸透探傷試験の対比試験片を知る

浸透探傷試験の対比試験片は，JIS Z 2343-3（非破壊試験―浸透探傷試験―第3部：対比試験片）に規定されています。

【規定内容】

浸透探傷試験方法の対比試験片は，JIS Z 2343-3（非破壊試験―浸透探傷試験―第3部：対比試験片）に規定されています。また，JIS Z 2343-4（非破壊試験―浸透探傷試験―第4部：装置）に使用される3種類の対比試験片についても規定されています。

タイプ1の対比試験片は，蛍光浸透液と染色浸透液製品の両方の感度レベルを決定するために使用します。タイプ2，タイプ3の対比試験片は，蛍光浸透探傷設備と染色浸透探傷設備及び使用中探傷剤の性能を定期的に調べるのに使用します。

対比試験

JIS Z 2343-1（非破壊試験―浸透探傷試験―第1部：一般通則：浸透探傷試験方法及び浸透指示模様の分類）及びJIS Z 2343-2（非破壊試験―浸透探傷試験―第2部：浸透探傷剤の試験）に準拠して試験する試験片と同様の条件を用いることが規定されています。また，対比試験片の種類，対比試験の形状及び寸法，識別についても規定されています。

浸透探傷試験方法の装置

浸透探傷試験に使用される試験装置の特性については，JIS Z 2343-4（非破壊試験―浸透探傷試験―第4部：装置）に規定されています。浸透探傷試験の実施に必要となる試験装置の特性は，試験数量及び試験体の大きさによって異なります。この規格では，次の二つのタイプの試験装置が規定されています。

① 現場浸透探傷試験の実施に適した試験設備
② 据置型浸透探傷試験装置

主な規定項目

浸透探傷試験に使用する試験装置は，一般的側面を検討して選択，適用する

浸透探傷試験方法に適した試験装置を選択するとしています。

それは，すべてに該当する健康，安全性及び環境に関する要求事項を満たすようにすることです。JIS Z 2343-1（非破壊試験—浸透探傷試験—第1部：一般通則：浸透探傷試験方法及び浸透指示模様の分類）の要求事項を満たすことが規定されています。

現場試験用試験設備

JIS Z 2343-1（非破壊試験—浸透探傷試験—第1部：一般通則：浸透探傷試験方法及び浸透指示模様の分類），JIS Z 2343-2（非破壊試験−浸透探傷試験−第2部：浸透探傷剤の試験）及びJIS Z 2343-3（非破壊試験—浸透探傷試験—第3部：対比試験片）の要求事項を満たすことが規定されています。

据置型試験装置

一般要求事項，試験準備及び前処理設備，浸透処理設備，浸透液排液設備，余剰浸透液の除去設備，乾燥処理設備，現像処理設備，試験設備の各項目が規定されています。

【解　説】

JIS Z 2343-3（非破壊試験—浸透探傷試験—第3部：対比試験片）は，標準試験片を用いないで対比試験片を用いて検出感度，条件設定などを実施することが規定されています。

対比試験片

使用中に表面状態やきず・寸法が変化するので定期的に管理する必要があります。

試験用設備

JIS Z 2343-4（非破壊試験—浸透探傷試験—第4部：装置）は，現場試験用設備として，ポータブルスプレー装置，ブラシなどを適宜使用してもよいことが規定されています。据置型装置は，化学薬品に対して耐性材料の使用，排水規制にも配慮する必要があり，また健康，安全性のため密閉性の確保も必要とされています。

29 ガラス製温度計による温度測定を知る

ガラス製温度計による温度測定は，JIS Z 8705（ガラス製温度計による温度測定方法）に規定されています。

【規定内容】

鉱工業においてガラス製温度計によって，温度を測定する場合の一般的方法については，JIS Z 8705（ガラス製温度計による温度測定方法）に規定されています。主な規定項目は，以下のとおりです。

温度計の種類と特徴

ガラス製温度計は，構造上，**二重管温度計**と**棒状温度計**に大別されます。また，目盛定めのときの浸没の条件によって**全浸没温度計**，**浸没線付温度計**に区別されます。

特殊なものには，板付温度計，曲がり温度計，保護枠入温度計，ベックマン温度計，最高温度計のような種類があり，それぞれの特徴から目的に合うものを選択します。

感温液の種類と特徴

感温液には，水銀，有機液体のような種類があります。それぞれの特徴から目的に合った選択をします。

その他

温度測定方法，温度測定上の注意，温度計の試験方法，補正などが規定されています。

【解説】

ガラス製温度計のうち，**棒状温度計**は，感温液が封入されたガラス毛細管と球部から構成され外壁表面に直接目盛りが付いたものです。二重管温度計に比べて読取り精度がやや劣ります。

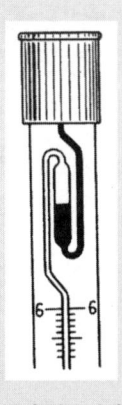

ベックマン温度計の上部の補助球
（JIS Z 8705）

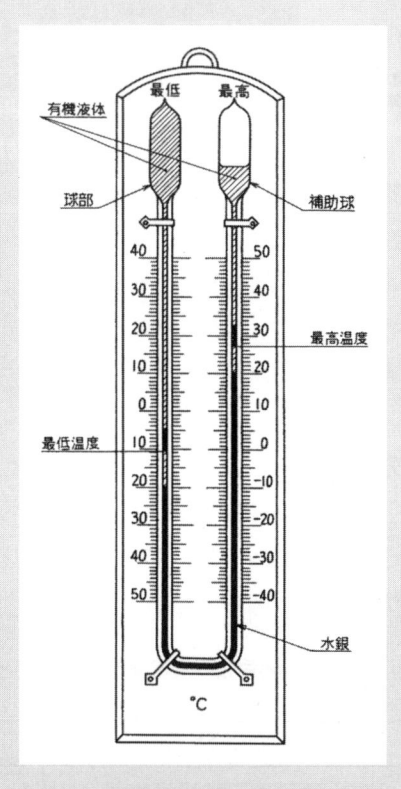

最高最低温度計（JIS Z 8705）

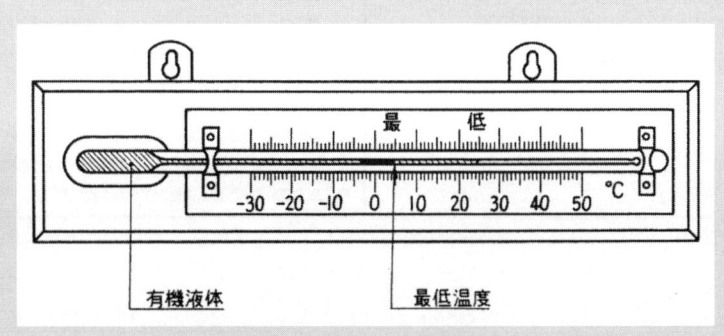

横掛最低温度計（JIS Z 8705）

30 光高温計による温度測定を知る

光高温計による温度測定は，JIS Z 8706（光高温計による温度測定方法）に規定されています。

【規定内容】

鉱工業において光高温計により温度を測定する場合の一般的方法については，JIS Z 8706（光高温計による温度測定方法）に規定されています。主な規定項目は，以下のとおりです。

測定方法の特徴

光高温計による温度測定方法は，非接触方式による温度測定法の一種です。接触方式による温度測定法，放射温度計による温度測定法を比較すると以下の特徴があります。

接触方式による温度測定方法との比較（JIS Z 8706）

この測定方法の長所	この測定方法の短所
1. 900〜2 000°C の高温度測定に適する。 2. 測定対象と直接に接触することなく，離れて測定できる。 3. 測定対象に接触しないから，測定対象の温度を変えない。 4. 測定対象が動いていても温度を測定できる。	1. 700°C 以下の低い温度を測定できない。 2. 直接に見える表面の温度だけしか測定できない。 3. 実用上は5°C 程度より良い精度は得られない。 4. 測定対象が完全放射体でないとき，真温度を求めるには実効放射率の補正を加える必要がある。 5. 測定対象からの放射の通路，すなわち光路における光の吸収，散乱及び反射によって誤差を生ずる。 6. 遠隔測定，警報，自動記録 又は 自動制御ができない。 7. 習熟した測定者が肉眼によって温度を測定する必要がある。 8. 測定者によって個人誤差を伴うおそれがある。

放射温度計による温度測定方法との比較（JIS Z 8706）

この測定方法の長所	この測定方法の短所
1. 精度が良い。 2. 携帯に便利であり，手軽に測定できる。 3. 測定対象までの距離が変わっても測定値が余り変わらない。 4. 測定対象がかなり小さくても差し支えない[7.5.1参照]。 5. 真温度を求めるための実効放射率の補正，その他の補正が比較的小さい。	1. 700℃以下の低い温度を測定できない。 2. 遠隔測定，警報，自動記録又は自動制御ができない。 3. 習熟した測定者が肉眼によって測定する必要がある。 4. 測定者によって個人誤差を伴うおそれがある。

その他の規定項目

① 適用温度範囲（適用できる温度範囲は，原則として，900～2000℃）

② 光高温計の選定及び保守

③ 温度測定方法

④ 補正

⑤ 光高温計の検査

⑥ 標準電球

などが規定されています。

【解　説】

光高温計は，レンズの付いた望遠鏡，標準電球。暗色及び赤色遮光器計などで構成されています。

原理は，測定対象の輝度と光高温計に内蔵する高温電球の線条（電球フィラメント）輝度が等しくなった時の輝度（光高温計の読み温度）から温度を読み取ります。

31 温度計による温度測定を知る

温度計による温度測定は，JIS Z 8707（充満式温度計及びバイメタル式温度計による温度測定方法）に規定されています。

【規定内容】

充満式温度計及びバイメタル式温度計によって，温度を測定する場合の一般的方法については，JIS Z 8707（充満式温度計及びバイメタル式温度計による温度測定方法）に規定されています。主な規定項目は，以下のとおりです。

① 温度測定方法
② 補正方法
③ 温度計の検査及び校正方法

【解　説】

充満式温度計

液体，気体又は液体とその蒸気とで充満された金属製部分の内部の圧力又は飽和蒸気圧が，温度によって変化することを利用した温度計です。その種類には，水銀充満圧力式指示温度計，液体充満圧力式指示温度計，蒸気圧式指示温度計，気体圧式指示温度計があります。

バイメタル式温度計

膨張率の異なる2種類の金属薄板を重ねはり合わせたもので，一端が固定された自由端が温度の変化に伴って動くのを利用して指針を回転させ，温度を指示するものです。サーモスタットとして温度制御用に広く用いられています。

32 温度測定を知る

温度測定は，JIS Z 8710（温度測定方法通則）に規定されています。

【規定内容】

温度を測定する一般的方法については，JIS Z 8710（温度測定方法通則）に規定されています。主な規定項目は，以下のとおりです。

① 温度の単位
② 測定方式の種類
③ 温度計の種類及び特徴
④ 温度測定上の注意事項
⑤ 温度計の補正方法

【解 説】

温度の単位は，ケルビン（K）（熱力学温度の単位）又はセルシウス度（℃）（セルシウス温度の単位）で表します。

温度測定方法は，計測方法により検出器の構造が異なります。物体に直接接触させて計測する接触方式，離れたところから計測する非接触方式に大別されます。

温度測定上の注意事項として，温度計は必要に応じて校正を行い，**トレーサビリティ**を確保する必要があります。

温度計の校正

使用する温度計の示度と真温度との関係を決定する作業です。温度計の示度と真温度との関係は，温度計ごとに個別に調べるのが原則です。しかし，一般的には，同種類の温度計の代表的な特性をいくつかの温度について求め，それらを使って補完する方法で行われます。

校正は，必要な温度範囲で示度と真温度との関係を決定するのに十分な数の基準温度を実現し，その温度における温度計の示度を読み取ります。接触式温度計と非接触式温度計では，測定原理の違いから基準温度の実現法が異なります。

chapter 2 ● *113*

CHAPTER 3
試験機・測定器

01 マイクロメータを知る

マイクロメータは，JIS B 7502（マイクロメータ）に規定されています。

【規定内容】

　マイクロメータのうち，最大測定長以下については，JIS B 7502（マイクロメータ）に規定されています。マイクロメータは，目盛り 0.01 mm 又は最小表示量が 0.001 mm でねじのピッチ 0.5 mm 又は 1 mm のスピンドルをもち，外側寸法，内側寸法，歯車のまたぎ歯厚などの寸法及び移動量を測定します。

最大測定長（JIS B 7502）

種類	最大測定長 mm
外側マイクロメータ	500
棒形内側マイクロメータ（単体形）[1]	500
歯厚マイクロメータ	300
マイクロメータヘッド	25

注[1] 以下，内側マイクロメータという。

外側マイクロメータの各部の名称（JIS B 7502）

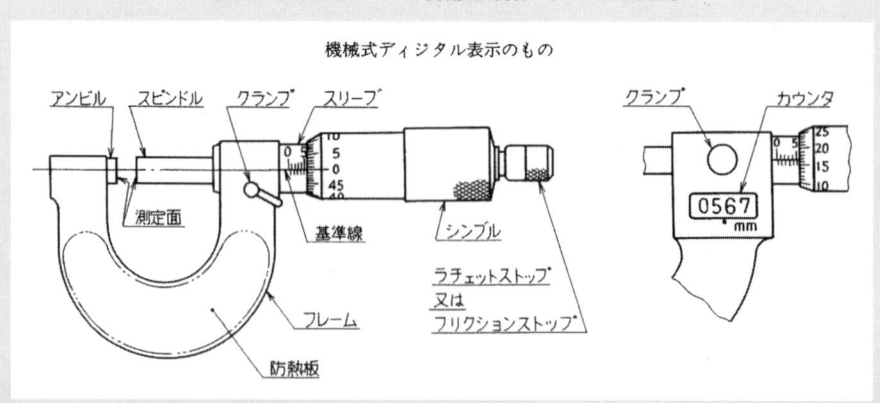

機械式ディジタル表示のもの

（アンビル，スピンドル，クランプ，スリーブ，測定面，基準線，シンブル，ラチェットストップ又はフリクションストップ，フレーム，防熱板，クランプ，カウンタ）

その他の規定項目は，以下のとおりです。
① 測定範囲
② 性能
③ 目盛
④ 構造及び機能
⑤ 性能の測定方法

【解 説】

マイクロメータは，フレームの一端を基準面とし，他端にめねじを切りこれにスピンドルのおねじをかみ合わせた構造です。ねじを利用することで，長さの変化をねじの回転角（θ）と径について拡大し，拡大された円周に目盛りを付け，ねじ1回転につき1ピッチ（p：mm）移動します。その移動量（χ：mm）は次の式で表されます。

$\chi = p \cdot \theta / 360$

半径 r の目盛面の動きは，スピンドル（ねじ）χ の移動に対して $r\theta$ となることから，拡大率 m は次の式で表されます。

$m =$ 指示量の変化 / 測定量の変化 $= r\theta / \chi = 2\pi r / p$

02 ダイヤルゲージを知る

ダイヤルゲージは，JIS B 7503（ダイヤルゲージ）に規定されています。

【規定内容】

ダイヤルゲージの設計仕様（設計特性）及び計測特性については，JIS B 7503（ダイヤルゲージ）に規定されています。

ダイヤルゲージは，測定子をもつスピンドルが，円形のアナログの目盛板に平行な直線運動を機械的に拡大し回転運動として終端の長針に伝え，この長針がスピンドルの動いた量を円形目盛上で表示する測定器です。

設計仕様（設計特性）の一般及び寸法

一般的な設計は，製造業者が除外項目を明記しない部分については，この規格の要求に従わなければならないことが規定されています。

また，ダイヤルゲージの寸法は，互換性を確保するために本規格に示された主要寸法に適合していることが規定されています。

主要寸法（JIS B 7503）

単位 mm

寸法	外枠直径 D_1				
	30	40	60	80	100
直径の範囲 D_1 [a]	28〜36	37〜50	51〜70	71〜89	90〜115
ステム直径 D_2	8 h6				
測定子外径 D_3	7.5 以下				
ねじサイズ D_4	M2.5-6H				
ねじサイズ D_5	M2.5-6g				
固定部直径 D_6 [b]	28 h6				
ステム長さ L_1	8.5 以上	10 以上	12 以上	15.5 以上	9.5 以上
長さ L_2 [c]	12 以下	28 以下	34 以下	[d]	[d]
ねじ長さ L_3	5 以下				
ねじ長さ L_4	6 以上				
測定子中心軸と裏ぶたとの距離 L_5	10 以下				

注 [a] 実際の外枠直径は幅（W）と等しい。
 [b] 固定部直径 D_6 はオプションである。
 [c] スピンドルを押し込んだときの長さ。
 [d] 測定範囲による。

計測特性の最大許容誤差及び許容限界

ダイヤルゲージの最大許容誤差（MPE）は，指示値に対して許容する指示誤差の最大値であり，許容限界（MPL）は，測定力に対して仕様で許容する測定力の限界値です。

【解　説】

ダイヤルゲージは，測定子の直線変位を歯車で回転運動に変えて拡大・表示する測定器です。主に平面や円筒面の精度，軸心の振れなどの測定に使用されます。歯車を拡大機構とするため，歯車のピッチ誤差，偏心などにより，かなり大きな誤差を生む場合があります。

また，ダイヤルゲージは，保持具の変形により指示が不安定になったり，ダイヤルゲージの姿勢や測定子の移動方向の変化などで誤差が生じやすいといえます。指示の許容誤差は，校正の不確かさを内側に見積もって評価します。

ダイヤルゲージは，マイクロメータやノギスと異なり，単独では測長器として使用できず，ダイヤルゲージスタンドに取り付けて使用します。

03 ノギスを知る

ノギスは，JIS B 7507（ノギス）に規定されています。

【規定内容】

目量，最小表示量又は最小読取値が 0.1 mm，0.05 mm，0.02 mm 又は 0.01 mm で，外側寸法及び内側寸法を測定する一般用ノギスのうち，最大測定長 1000 mm 以下のものについては，JIS B 7507（ノギス）に規定されています。

ノギスは，外側用及び内側用の測定面のあるジョウを一端にもつ本尺を基準に，それらの測定面と平行な測定面のある条をもつスライダが滑り，各測定面間の距離を本尺目盛，及びバーニア目盛もしくはダイヤル目盛によって，あるいは電子式デジタル表示によって読み取ることができる測定器です。主な項目は，以下のとおりです。

ノギスの種類

（1）M形ノギス　外側用ジョウと独立した内側用ジョウをもつ構造です。微動送りのあるものとないものとがあります。最大測定長 300 mm 以下のものには，深さ測定用のデプスバーを備えたものもあります。

M形ノギス（JIS B 7507）

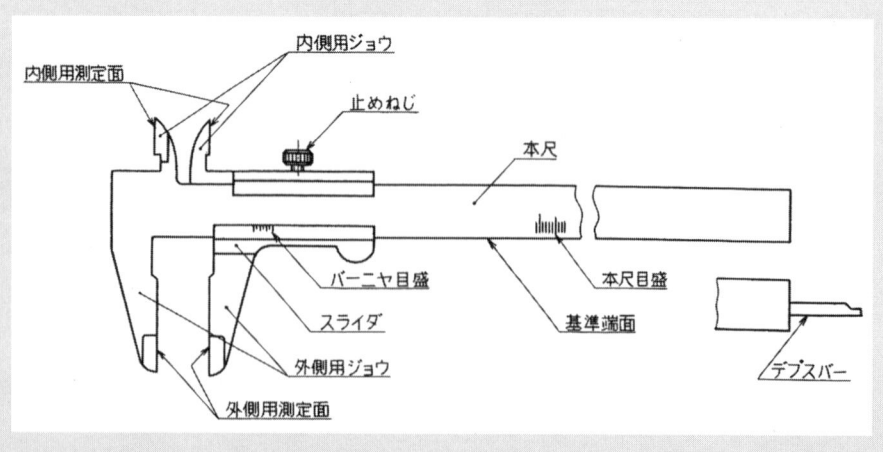

(2) CM形ノギス　同一のジョウに外側用測定面及び内側用測定面をもつ構造です。微動送りのあるものとないものとがあります。

CM形ノギス（JIS B 7507）

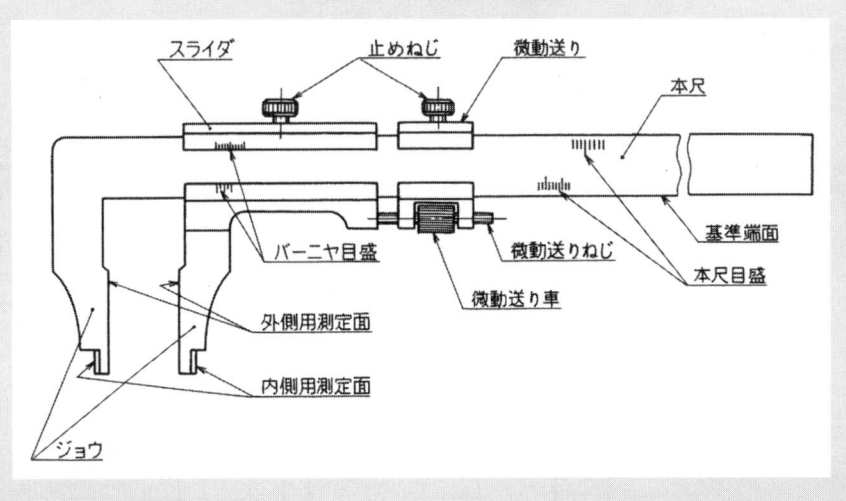

その他の規定項目

　最大測定長，性能，目盛，デジタル表示の文字，形状寸法，構造及び機能，材料及び硬さ，性能の測定方法，検査，製品の呼び方，表示，取り扱い上の注意事項などが規定されています。

【解　説】

　ノギスは，パスとスケールが組み合わされている測定器で，外側測定（外径），内側測定（内径），深さ及び段差の測定ができます。本尺目盛の端数を正確に読み取るために，バーニア（副尺）があります。
　ノギスの種類では，測定値を指針で読み取るダイヤル付ノギスや電子式デジタルノギスなどがあります。

04 直定規を知る

直定規は，JIS B 7514（直定規）に規定されています。

【規定内容】

直定規は，長方形断面及びⅠ形断面の鋼製直定規について，JIS B 7514（直定規）に規定されています。

直定規（JIS B 7514）

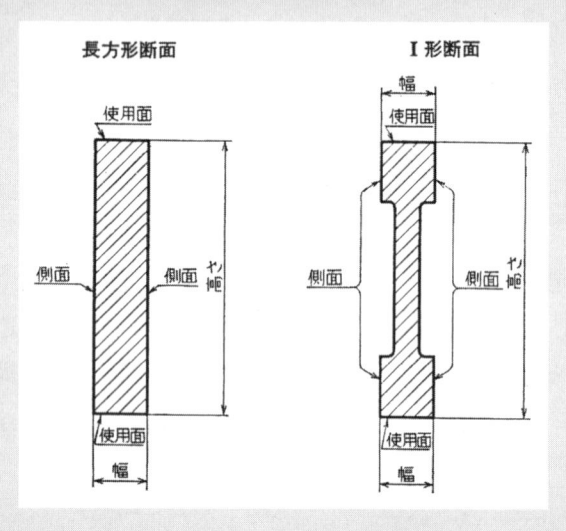

（長方形断面／Ⅰ形断面の図：使用面，側面，高さ，幅）

直定規の断面寸法及び寸法精度によりA級及びB級の2等級があります。主な規定項目は，以下のとおりです。

直定規の寸法精度

使用面の真直度及び高さ不同の許容差が規定されています。側面の平行度及び幅不同の許容値は，真直度及び高さ不同の許容値の10倍とされています。

また，使用面と側面との直角度の許容値や直定規の有効長さ，高さ（最小）及び幅（最小）が規定されています。

使用面の真直度及び高さの不同 (JIS B 7514)

単位 μm

有効長さ (mm)			300	500	1000	1500	2000	3000
等　級	A	真 直 度	3	4	6	8	10	14
		高さの不同						
	B	真 直 度	10	14	24	34	44	64
		高さの不同						
特級 (参考)(¹)		真 直 度	1.6	2	3	4	5	7
		高さの不同						

注 (¹) 特級は，A級又はB級直定規の精度測定に用いる正しい平面及び基準直定規の寸法精度に該当するものであって，参考のために示す。
なお，特級の直定規については表3の寸法は適用しない。

備　考　表1の数値は，次の式による。

A 級 $\left(2+\dfrac{L}{250}\right)\mu m$

B 級 $\left(4+\dfrac{L}{50}\right)\mu m$

特 級 $\left(1+\dfrac{L}{500}\right)\mu m$

ただし，Lは直定規の有効長さ (mm)。

使用面と側面との直角度 (JIS B 7514)

単位 mm

有効長さ		300	500	1000	1500	2000	3000
等　級	A	0.03	0.03	0.04	0.05	0.06	0.07
	B	0.10	0.10	0.15	0.20	0.25	0.30

寸　法 (JIS B 7514)

単位 mm

等級	有効長さ(²)×高さ(最小)×幅(最小)					
A	300×50×10	500×50×10	1000×60×12	1500×70×14	2000×80×16	3000×120×18
B	300×40×8	500×40×8	1000×50×10	1500×60×12	2000×70×14	3000×100×16

注 (²) 直定規の全長は，有効長さ+40mmとする。

直定規の材料及び仕上げ

　直定規の材料は，炭素工具鋼（SK85）又はこれと同等以上のものとすることが規定されています。また，硬さは，焼入れしないものは170HV～245HV，焼入れしたものは490HV～620HVと規定されています。

　A級直定規の使用面は，ラップ仕上げ又は同等以上の仕上げとし，その表面粗さは，有効長さ1000 mm以下のものは0.8S，1000 mmを超えるものは1.6Sと規定されています。

　B級直定規の使用面は，研削仕上げ又は同等以上の仕上げとし，その表面粗さは，有効長さ1000 mm以下のものは3.2S，1000 mmを超えるものは6.3Sと規定されています。

その他の規定項目

　精度測定方法，検査，製品の呼び方，表示などが規定されています。

【解　説】

　直定規は，正確な直径のケガキや平面の垂直度の測定，検査などに使用されます。また，縁は極めて重要です。さび，きず，熱の変形などがないことが必要です。

05 すきまゲージを知る

すきまゲージは，JIS B 7524（すきまゲージ）に規定されています。

【規定内容】

すきまゲージについては，JIS B 7524（すきまゲージ）に規定されています。

すきまゲージとは，耐久性がある材料で作られ長方形断面で平行な二つの測定面をもち，単体又は組み合わせて，製品などのすき間に挿入してすきまの寸法を測定するゲージです。

単体のすきまゲージ（**リーフ**）の軸方向に対する反り，すきまゲージの主要部の名称が示されています。

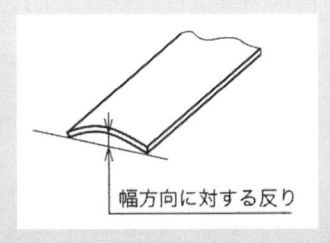

軸方向に対する反り（JIS B 7524）

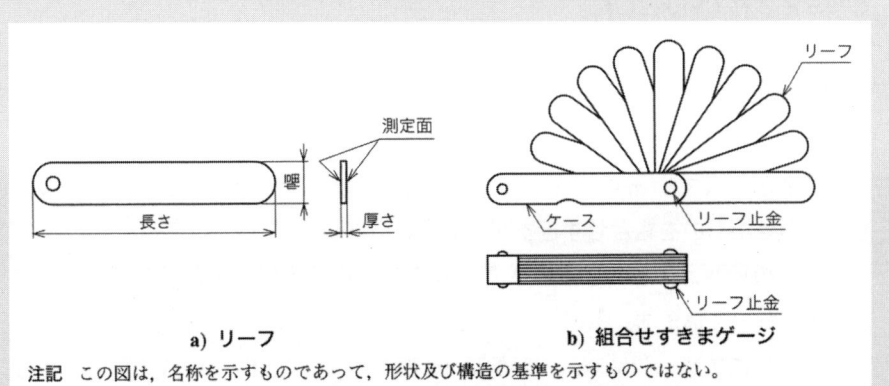

a) リーフ　　　b) 組合せすきまゲージ

注記　この図は，名称を示すものであって，形状及び構造の基準を示すものではない。

主要部の名称（JIS B 7524）

リーフの種類,形状・寸法

リーフの種類には,A形,B形があります。

リーフの種類及び形状・寸法(JIS B 7524)

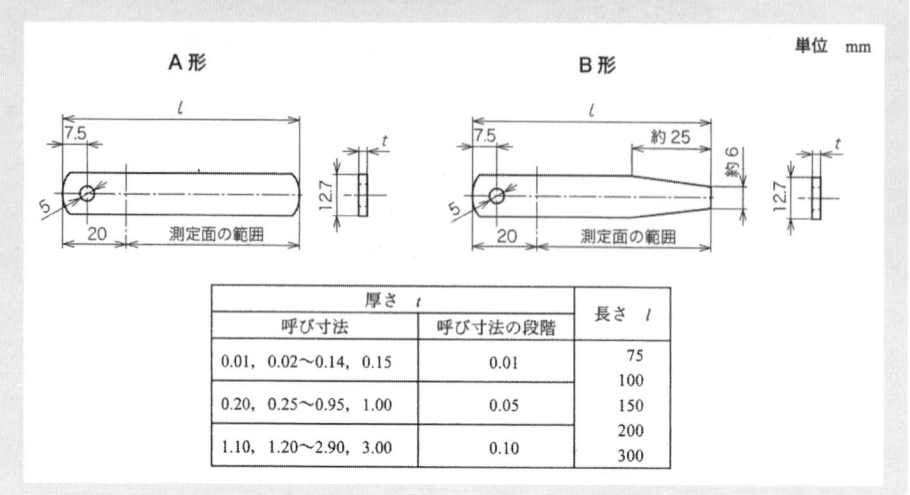

単位 mm

厚さ t		長さ l
呼び寸法	呼び寸法の段階	
0.01, 0.02〜0.14, 0.15	0.01	75
		100
0.20, 0.25〜0.95, 1.00	0.05	150
		200
1.10, 1.20〜2.90, 3.00	0.10	300

その他の規定項目

組合せすきまゲージのリーフ構成,厚さ,幅及び長さの許容差,幅方向に対する反りの公差,硬さ,表面粗さ,材料,測定方法,検査,製品の呼び方,表示などが規定されています。

【解 説】

すきまゲージは,すきまの寸法を測定するゲージです。ゲージの厚さが表面に数字で表示されています。ゲージの単体1枚を**リーフ**といい,これをいくつか組み合わせたものを**組合せすきまゲージ**といいます。

リーフの種類は形状によってA形,B形がありますがB形は,とめ穴のない側が細くなっています。

組合せすきまゲージには,一般的に10枚,13枚,19枚,25枚の組み合わせがあり,それぞれに厚さの寸法,組み合わせ順序が規定されています。

06 ブリネル硬さ試験機の検証を知る

ブリネル硬さ試験機の検証は，JIS B 7724（ブリネル硬さ試験―試験機の検証）に規定されています。

【規定内容】

ブリネル硬さ試験機の直接検証方法及び間接検証方法については，JIS B 7724（ブリネル硬さ試験―試験機の検証）に規定されています。

試験機の検証に先だって，試験機の設置，圧子の取り付け軸の確認，試験力の適正確認などが規定されています。

直接検証

その検証場所の温度幅は 23±5℃とし，検証に使用する機器は国際単位系を用い，**トレーサビリティ**が証明されているものと規定されています。

試験機の検証，圧子の検証，くぼみ測定装置の検証，試験条件の検証などについても規定されています。

間接検証方法

23±5℃の温度で JIS B 7736（ブリネル硬さ試験―基準片の校正）に従って校正された基準片によって行われます。

間接検証では，
① 使用する試験力と圧子との組合せ。
② 各基準片の硬さ測定回数は5回とする。
③ 各基準片の測定したくぼみ直径を求める。
などから
④ 測定した5点の平均値と基準片の硬さとの差。
を求め，許容差内にあることを確認することが規定されています。

検証周期

直接検証又は間接検証により規定されています。

繰返し性の許容値及び誤差の許容差（JIS B 7724）

基準片の硬さ HBW	繰返し性の許容値	誤差の許容差
125以下	$0.030\ d$	$\pm 0.030\ H$
125超え 225未満	$0.025\ d$	$\pm 0.025\ H$
225以上	$0.020\ d$	$\pm 0.020\ H$

d：5個のくぼみの直径の平均
H：基準片の硬さ

検証報告書

本規格（JIS B 7724）により検証した旨，検証方法の種類，使用硬さ基準片，測定年月日などの項目が規定されています。

07 ビッカース硬さ試験機の検証を知る

ビッカース硬さ試験機の検証は，JIS B 7725（ビッカース硬さ試験―試験機の検証及び校正）に規定されています。

【規定内容】

ビッカース硬さ試験―試験方法（JIS Z 2244）によるビッカース硬さ試験に用いる試験機の検証方法及び校正方法については，JIS B 7725（ビッカース硬さ試験―試験機の検証及び校正）に規定されています。

試験機の検証に入る前の一般条件事項として，試験機の設置状況から圧子の保持，試験力からの振動の有無，くぼみ測定装置の状況などを確認することが規定されています。

直接検証

① 試験機の校正
② 圧子の検証
③ くぼみ測定装置の校正
④ 試験動作の検証

などの各項目について規定しています。

間接検証

23±5℃での温度で，ビッカース硬さ試験―基準片の校正（JIS B 7735）に適合する基準片によって行うことが規定されています。間接検証では，最もよく使用される試験力を含む2種類以上の試験力について行うことが規定されています。また，各試験力ごとに異なる硬さ範囲の2個の基準片の硬さ測定を行うことが規定されています。

さらに，硬さ試験における測定回数が規定されています。また，各種硬さ基準片について測定し，その結果から試験機の繰返し性を求め，その許容値とすることが規定されています。試験機の硬さ偏りを求め，その許容差を求めることとしています。

chapter 3 ● *129*

基準片の硬さ範囲（JIS B 7725）

```
≦225 HV
400～600 HV
＞700 HV
```

検証の周期

直接検証では，試験機を設置した時や間接検証を 12 か月以上行っていない場合などに行います。間接検証は通常 12 か月以内に行うことが規定されています。

検証及び校正の報告書

本規格（JIS B 7725）に基づいて検証した旨，検査方法の種類，結果，実施日などが規定されています。

【解　説】

本規格（JIS B 7725）附属書 A にダイヤモンド圧子に関する注意事項が，以下のとおり記述されています。

「ダイヤモンド圧子は，その使用条件などの違いによって比較的短期間の使用で傷むことがある。

これは，表面に生じた小さなき裂，くぼみ，その他のきず（欠陥）及び使用方法に起因している。そのまま使用を続けると表面のわずかな欠陥が急速に拡大し，使用不可能となる。圧子は再研磨によって再利用できる場合がある。

圧子の状態は，試験機を使用する日ごとに，基準片状のくぼみの様子を目視検査によって監視（モニター）しなければならない。圧子の検証結果は，圧子に不具合が認められた時点で無効となる。再研磨又はその他の修理を実施した圧子については，改めて検証を行わなければならない。」

08 ロックウェル硬さ試験機の検証を知る

ロックウェル硬さ試験機の検証は，JIS B 7726（ロックウェル硬さ試験―試験機の検証及び校正）に規定されています。

【規定内容】

JIS Z 2245（ロックウェル硬さ試験―試験方法）によるロックウェル硬さ試験（A，B，C，D，E，F，G，H，K，N及びTスケール）に用いる試験機の検証方法及び校正方法については，JIS B 7726（ロックウェル硬さ試験―試験機の検証及び校正）に規定されています。

検証，校正に先立ち，一般条件として，試験機が指定どおりに組み上げられているか，圧子の軸や圧子ホルダーの位置，測定値に影響する衝撃や振動の有無などについて確認することが規定されています。

検証方法には，直接検証と間接検証があります。

直接検証

検証温度範囲を 23±5℃とし，検証及び校正機器は**トレーサビリティ**が証明されているものとしています。実際の検証においては，次の項目を行うことが規定されています。

① 試験力の校正
② 圧子の検証
　ダイヤモンド圧子の直接，間接検証，球圧子の検証など
③ 深さ計測装置の校正
④ 試験動作の検証

間接検証

間接検証は，JIS B 7730（ロックウェル硬さ試験―基準片の校正）に従って校正された硬さ基準片によって，温度 23±5℃で行うことが規定されています。

検証手順

試験機の検証は，使用される各スケールについて行います。そして，検証する

スケールごとに各硬さ範囲の硬さ基準片を用いること，試験機の繰返し性や偏りなどが規定されています．

各スケールの検証に用いる硬さ範囲（JIS B 7726）

ロックウェルスケール	用いる基準片の硬さレベル	ロックウェルスケール	用いる基準片の硬さレベル
A	20〜40HRA 45〜75HRA 80〜88HRA	K	40〜60HRK 65〜80HRK 85〜100HRK
B	20〜50HRB 60〜80HRB 85〜100HRB	15N	70〜77HR15N 78〜88HR15N 89〜91HR15N
C	20〜30HRC 35〜55HRC 60〜70HRC	30N	42〜54HR30N 55〜73HR30N 74〜80HR30N
D	40〜47HRD 55〜63HRD 70〜77HRD	45N	20〜31HR45N 32〜61HR45N 63〜70HR45N
E	70〜77HRE 84〜90HRE 93〜100HRE	15T	73〜80HR15T 81〜87HR15T 88〜93HR15T
F	60〜75HRF 80〜90HRF 94〜100HRF	30T	43〜56HR30T 57〜69HR30T 70〜82HR30T
G	30〜50HRG 55〜75HRG 80〜94HRG	45T	12〜33HR45T 34〜54HR45T 55〜72HR45T
H	80〜94HRH 96〜100HRH		

検証の間隔

　直接検証では間接検証との関係から規定されています．間接検証については，12か月に1回行うことが規定されています．

検証及び校正の報告書

　本規格（JIS B 7726）による検証の表示から，検証方法の種類，検証及び校正を行ったスケールや検証結果などについて報告書をまとめることが規定されています．

09 ショア硬さ試験機の検証を知る

ショア硬さ試験機の検証は，JIS B 7727（ショア硬さ試験—試験機の検証及び校正）に規定されています。

【規定内容】

金属材料用のショア硬さ試験機の間接検証については，JIS B 7727（ショア硬さ試験—試験機の検証）に規定されています。

ショア試験機の間接検証を実施に先立ち，試験機の設置状況，試料を押し付ける力約 200 N，ハンマ操作状況などを確認することが規定されています。

間接検証

次の項目によることが規定されています。

① 検証温度は 23±5℃の範囲内で行います。
② 検証を行う硬さ基準片は JIS B 7731（ショア硬さ試験—基準片の校正）によって校正されたものを用いられます。
③ 校正を行う試験機の硬さ目盛は，約 30, 50, 60, 80 及び 95HS の 5 か所。
④ 基準片ごとに，硬さを 5 点測定します。
⑤ 各検証目盛における，試験機の繰返し性は，最大値と最小値の差とします。

間接検証の周期

12 か月を超えないように検証することが規定されています。

検証の報告

検証は本規格（JIS B 7727）によって検証したこと，試験機の識別や検証結果などについて報告することが規定されています。

10 ヌープ硬さ試験機の検証を知る

ヌープ硬さ試験機の検証は，JIS B 7734（ヌープ硬さ試験—試験機の検証）に規定されています。

【規定内容】

JIS Z 2251（ヌープ硬さ試験—試験方法）によるヌープ硬さ試験に用いる試験機の検証方法については，JIS B 7734（ヌープ硬さ試験—試験機の検証）に規定されています。検証に先立ち，試験機の据え付け状況，試験機の圧子軸の垂直状況，及び負荷装置や測定装置が正常に作動する状況にあるかなどについて確認することが規定されています。

直接検証における環境温度

23±5℃の範囲内としています。
検証項目のポイントは，以下のとおりです。

① 試験力の検証
② 圧子の検証
③ 測定装置の検証
④ 負荷速度及び保持時間の検証

間接検査における環境温度

23±5℃の範囲以内としています。
検証項目のポイントは，以下のとおりです。

① 手順では，圧子の交換，使用試験力の種類，硬さ測定回数。
② 繰返し性の許容値は計算式より求めること。
③ 試験機の誤差は計算式より求め，許容内を確認すること。

検証周期

直接検証の場合は，試験機の新規据え付け，主要部品の交換や修理などの時に行うとして，時間指定は規定されていません。間接検証では，直接検証したその都度としていますが，通常，12か月に1回と規定されています。

検証報告

本規格(JIS B 7734)に基づいて行った旨,検証方法の種類,検証結果について報告することが規定されています。

11 シャルピー衝撃試験機の試験片を知る

シャルピー衝撃試験機の試験片は，JIS B 7740（シャルピー振子式衝撃試験―試験機の検証用基準試験片）に規定されています。

【規定内容】

　JIS B 7722（シャルピー振子式衝撃試験―試験機の検証）のシャルピー振子式衝撃試験機の間接検証に用いる基準試験片の調製と認定の方法及びその証明書については，JIS B 7740（シャルピー振子式衝撃試験―試験機の検証用基準試験片）に規定されています。主な規定項目は，以下のとおりです。

① 記号と名称
② 基準試験機
③ 基準試験片
④ 基準試験片の証明書
⑤ 基準セットの使用手順

【解　説】

工業用試験機

　工業用又は一般用及び試験研究用として金属材料を試験するために使用する試験機のことです。

　JIS Z 2242（金属材料のシャルピー衝撃試験方法）の試験機の据付け及び検証を行うには，JIS B 7740（シャルピー振子式衝撃試験―試験機の検証用基準試験片）の検証（直接検証法及び間接検証法）について規定されています。

直接検証法・間接検証法

　直接検証法は，試験機を新設あるいは修理する又は間接検証法の結果が不適合な場合に行う試験法であり，間接検証法は，シャルピー振子式試験機の検証を行うための基準試験機で基準試験片を使用して行う試験方法です。

基準試験機

基準試験片の基準エネルギーを決定するのに使用する衝撃試験機です。

基準試験片

シャルピー振子式衝撃試験(工業用試験機)として適切さを検証するための試験片であり,試験機によって実測されたエネルギーと,あらかじめ基準試験片に付けられた基準エネルギーとの比較に使用します。

12 絶縁抵抗計を知る

絶縁抵抗形は，JIS C 1302（絶縁抵抗計）に規定されています。

【規定内容】

電池を内蔵する定格測定電圧 1000V 以下を測定対象とした指針形及びディジタル形の携帯用直読形絶縁抵抗形については，JIS C 1302（絶縁抵抗計）に規定されています。

低電圧配電路

交流 1000V 及び直流 1500V 以下の配電系統で，電源が切断されている電路，機器の絶縁測定。

機器，器具，部品などの絶縁測定

（1）定格測定電圧及び有効最大表示値　表示形式は，指針形及びディジタル形としています。

指針形の定格測定電圧及び有効最大表示値（JIS C 1302）

定格測定電圧（直流）V	25		50		100		125		250		500			1 000	
有効最大表示値 MΩ	5	10	5	10	10	20	10	20	20	50	50	100	1 000	200	2 000

ディジタル形の定格測定電圧及び有効最大表示値（JIS C 1302）

定格測定電圧（直流）V	25	50	100	125	250	500	1 000			
有効最大表示値 MΩ	1	2	5	10	20	50	100	200	500	1 000	2 000	3 000	4 000

性能に対する要求事項　絶縁抵抗計の公称使用範囲は，以下のとおりです。
① 周囲温度　0～40℃
② 相対湿度　90 % 以下
③ 外部磁界　400 A/m 以下
④ 位置　指針形は水平～ ±90°
⑤ 電池電圧　電池有効期限

その他の規定項目

安全及び構造に対する要求事項，試験，検査，表示及び操作説明書などが規定されています。

【解　説】

電気回路の通電部分には、絶縁物が使用されていますが、電気を完全に絶縁する物質はなく，絶縁物に直流電圧を印加するとわずかな漏れ電流が流れます。

絶縁抵抗の測定

絶縁抵抗計（メガー）が用いられ電池電圧を DC/DC コンバータを用いて昇圧した直流の高電圧を電路又は機器端子に印加して漏えい電流を測定し，絶縁抵抗を表示します。一般に低電圧電路には 500V メガーを，高電圧電路，機器には 1000V メガーを用います。

その測定値から測定対象物の絶縁能力や劣化が評価されます。その測定値から電気設備技術基準の適否，絶縁耐力試験の予備試験，絶縁劣化状況を判断するための定期測定に使用します。最近では，直流式絶縁抵抗計（トランジスタ・電池式）が主流となっています。

13 熱電対を知る

熱電対は，JIS C 1602（熱電対）に規定されています。

【規定内容】

温度測定に使用する熱電対については，JIS C 1602（熱電対）に規定されています。その主な規定項目を示します。

熱電対の種類

熱電対の種類が規定されています。

種　類（JIS C 1602）

種類の記号	構成材料	
	＋脚 ([1])	－脚 ([1])
B	ロジウム30 %を含む白金ロジウム合金	ロジウム6 %を含む白金ロジウム合金
R	ロジウム13 %を含む白金ロジウム合金	白金
S	ロジウム10 %を含む白金ロジウム合金	白金
N	ニッケル，クロム及びシリコンを主とした合金	ニッケル及びシリコンを主とした合金
K	ニッケル及びクロムを主とした合金	ニッケルを主とした合金
E	ニッケル及びクロムを主とした合金	銅及びニッケルを主とした合金
J	鉄	銅及びニッケルを主とした合金
T	銅	銅及びニッケルを主とした合金

注([1])　＋脚とは，熱起電力を測る計器の＋端子へ接続すべき脚をいい，反対側のものを－脚という。

寸 法

熱電対素線の線径が規定されています。

熱電対素線の線径（JIS C 1602）

単位 mm

種類の記号	素線の線径
B	0.50±0.01
R	
S	
N	0.65±0.03, 1.00±0.04, 1.60±0.05
K	2.30±0.05, 3.20±0.06
E	
J	
T	0.32±0.01, 0.65±0.03, 1.00±0.04 1.60±0.05

熱電対素線の外形が規定されています。

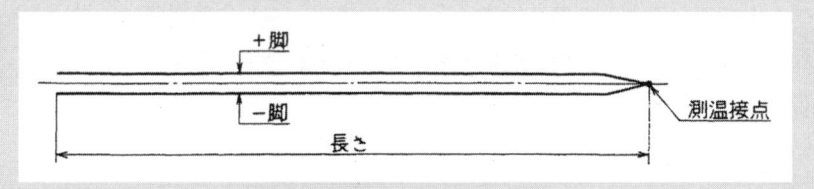

熱電対素線の外形（JIS C 1602）

保護管付熱電対の寸法が規定されています。

保護管付熱電対の寸法（JIS C 1602）

単位 mm

保護管の外径	長さ（参考）
6, 8, 10, 12, 15, 20, 22	500, 750, 1 000

保護管付熱電対の外形が規定されています。

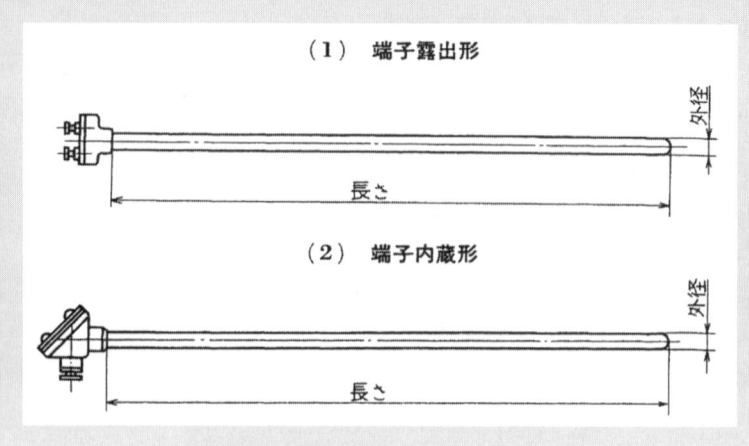

（1）端子露出形

（2）端子内蔵形

保護管付熱電対の外形（JIS C 1602）

構　造
構造一般として測温接点は，丈夫でかつ接合が確実なものとしています。

保護管付熱電対の端子は，熱電対と端子との接続部における熱起電力が，なるべく小さくなるような構造にするとしています。また，**絶縁管**は，熱電対を侵さない材質のもので，使用温度に十分耐えるものとしています。

保護管は，測温接点や素線が使用状態で被測温物又は雰囲気によって侵されないよう耐熱性，耐久性をもったものでなければならないとしています。

その他の規定事項
外観，試験，検査，製品の呼び方，表示などが規定されています。

【解　説】
2種の金属線で一つの閉回路をつくり，両接合部の温度を変えると起電力が生じ電流が流れます。この起電力を**熱起電力**といい，この2種類の金属線の組合せを**熱電対**といいます。この熱電対に発生する熱起電力を利用して温度を測定します。

熱電対の両接合部

熱電対の一方の接合部を**基準接点**，温度測定側の接合部を**測温接点**といいます。熱電対は，絶縁管を取り付け，金属又は非金属の保護管に入れて使用します。

測定回路

熱電対・計測器のほか，銅導線・補償導線を用いるかどうかによって，結線方式がa結線，b結線，c結線及びd結線に分類されます。

14 測温抵抗体を知る

測温抵抗体は,JIS C 1604(測温抵抗体)に規定されています。

【規定内容】

温度測定に使用する白金測温抵抗体については,JIS C 1604(測温抵抗体)に規定されています。

この規格で用いる用語で,測温抵抗体とは,抵抗素子,内部導線,絶縁物,保護管,端子などからなる**白金測温体**のことです。

シース測温抵抗体とは,測温抵抗体の内,柔軟性をもち,保護管と内部導線及び抵抗素子の間に絶縁物を充てんし,一体となった構造に加工された白金測温体のことをいいます。主な規定項目は,以下のとおりです。

白金測温抵抗体の種類

白金測温抵抗体の種類が規定されています。

種　類(JIS C 1604)

記号	0 ℃における公称抵抗値　Ω	R_{100}/R_0
Pt100	100	1.385 1
Pt10	10	1.385 1

備考1.　R_{100}は,100 ℃における抵抗素子の抵抗値。
　　2.　R_0は,0 ℃における抵抗素子の抵抗値。
　　3.　一般的にはPt100を推奨する。Pt10は,600 ℃以上での測定における信頼性を高めるため,太い抵抗素線でつくられている。

白金測温抵抗体の許容差

白金測温抵抗体の許容差が規定されています。

許容差 (JIS C 1604)

単位 °C

クラス	許容差
A	$\pm(0.15+0.002\|t\|)$
B	$\pm(0.3+0.005\|t\|)$

備考1. 許容差とは，抵抗素子の示す抵抗値を規準抵抗値表によって換算した値から測定温度 t を引いた値の許容される誤差の最大限度をいう。

2. $|t|$ は，+，−の記号に無関係な温度(°C)で示される測定温度である。

3. クラスAの許容差は，2導線式及び650°Cを超える測定温度には適用しない。

基準抵抗値・規定電流

0.5 mA，1 mA，2 mA のいずれかとします。

使用温度範囲による区分

使用温度範囲による区分が規定されています。

使用温度範囲による区分 (JIS C 1604)

単位 °C

記号	区分	使用温度範囲
L	低温用	−200～+100
M	中温用	0～350
H	高温用	0～650([1])
S([2])	超高温用	0～850

注([1]) シース測温抵抗体は，500 °Cとする。
([2]) シース測温抵抗体には適用しない。

導線形式

2導線式，3導線式，4導線式とします。

その他の規定項目

特性，寸法，構造及び材料，外観，試験，検査，製品の呼び方，表示などが規定されています。

【解　説】

金属線や半導体は，温度の変化で電気抵抗が変化します。この抵抗の変化を利用して温度測定をするのが**抵抗温度計**です。この回路は，測温抵抗体，計測器，電源，互換用抵抗及びこれらを結ぶ導線から構成されています。

測温抵抗体

白金測温抵抗体とサーミスタがあります。高温用としては白金測温抵抗体が最も多く使用され使用温度範囲は，0～650℃です（シース測温抵抗体としては0～500℃です）。

白金測温抵抗体

温度変化で電気抵抗が直線的に変化し，感度も良く精密測定に適しています。外部の腐食や熱ひずみの影響を抑えるため，熱電対と同様，電気絶縁物や保護管に入れて使用します。

サーミスタ

半導体の測温抵抗体で金属の酸化物を焼結し，それに電極が付けられています。白金測温抵抗体に比較して熱容量が小さく反応性も優れています。サーミスタの使用温度範囲は，300℃以下です。

15 シース熱電対を知る

シース熱電対は，JIS C 1605（シース熱電対）に規定されています。

【規定内容】

シース熱電対とは，金属シースと熱電対素線の間に，粉末状の無機絶縁物を充てん封入し，一体となった構造に加工された**熱電対**のことです。温度測定に使用するシース熱電対については，JIS C 1605（シース熱電対）に規定されています。その主な規定項目を示します。

種　類

シース熱電対の種類は，熱電対素線の構成材料によります。

シース熱電対の種類（JIS C 1605）

種類の記号	熱電対素線の構成材料	
	＋脚 [1]	－脚 [1]
SN	ニッケル，クロム及びシリコンを主とした合金	ニッケル及びシリコンを主とした合金
SK	ニッケル及びクロムを主とした合金	ニッケルを主とした合金
SE	ニッケル及びクロムを主とした合金	銅及びニッケルを主とした合金
SJ	鉄	銅及びニッケルを主とした合金
ST	銅	銅及びニッケルを主とした合金

注 [1]　＋脚とは，熱起電力を測る計器の＋端子へ接続すべき脚をいい，反対側のものを－脚という。

金属シースは，材質によって区分されます。

金属シースの材質（JIS C 1605）

記号	材質
A	オーステナイト系ステンレス鋼
B	耐食耐熱超合金 [2]

注 [2]　JIS Z 8704に準拠する。

測温接点の形状と記号が規定されています。

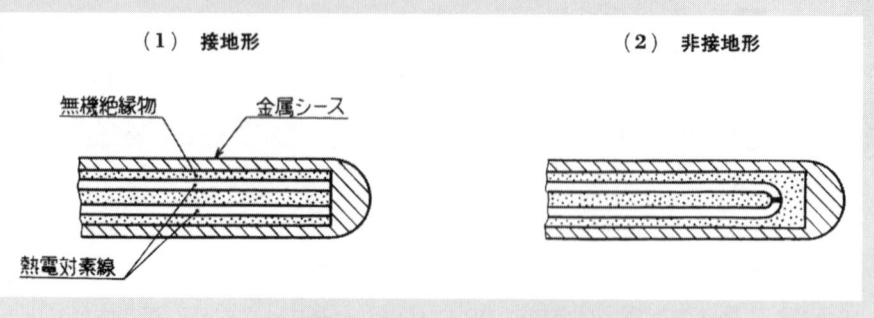

（1）接地形　　　　　　　　　（2）非接地形

無機絶縁物　金属シース

熱電対素線

測温接点の形状（JIS C 1605）

測温接点の記号（JIS C 1605）

記号	形状
G	接地形
U	非接地形

その他の規定項目

許容差，基準熱起電力，常用限度，特性，寸法，構造，外観，試験，検査，製品の呼び方，表示などが規定されています。

【解　説】

シース熱電対とは，温度測定において熱電対が，被測温物体又は炉内雰囲気に直接触れないようにし，熱電対を機械的，化学的作用から保護する目的で，金属シースの中に熱電対素線と粉末状の無機絶縁物を充てん封入し，一体としたものです。

16 熱電対用補償導線を知る

熱電対用補償導線は，JIS C 1610（熱電対用補償導線）に規定されています。

【規定内容】

熱電対及びシース熱電対と組み合わせて使用する補償導線については，JIS C 1610（熱電対用補償導線）に規定されています。その主な規定項目を示します。

熱電対用補償導線の種類及び記号

心線の構成材料により区分されています。

熱電対用補償導線の種類及び記号（JIS C 1610）

組み合わせて使用する熱電対の種類	種類		記号[a]
	心線の構成材料		
	＋側心線	－側心線	
B	銅	銅	BC
R	銅	銅及びニッケルを主とした合金	RCA
	銅	銅及びニッケルを主とした合金	RCB
S	銅	銅及びニッケルを主とした合金	SCA
	銅	銅及びニッケルを主とした合金	SCB
N	ニッケル及びクロムを主とした合金	ニッケル及びシリコンを主とした合金	NX
	銅及びニッケルを主とした合金	銅及びニッケルを主とした合金	NC
K	ニッケル及びクロムを主とした合金	ニッケルを主とした合金	KX
	鉄	銅及びニッケルを主とした合金	KCA[b]
	銅	銅及びニッケルを主とした合金	KCB[c]
E	ニッケル及びクロムを主とした合金	銅及びニッケルを主とした合金	EX
J	鉄	銅及びニッケルを主とした合金	JX
T	銅	銅及びニッケルを主とした合金	TX

注 [a] 補償導線の種類の記号は，組み合わせて使用する熱電対の種類と心線の材質とによって表し，組み合わせて使用する熱電対と同じ材質で構成されるエクステンション形心線を示す記号は X，組み合わせて使用する熱電対と異なる材質で構成されるコンペンセーション形心線を示す記号は C とする。
　なお，コンペンセーション形心線の記号は，許容差又は補償接点温度による種類分けがある場合には，A 又は B を付して区分する。
[b] 記号 KCA は，1995 年改正時の記号 KCB で，1981 年改正時に WX と称していたものである。
[c] 記号 KCB は，1995 年改正時の記号 KCC で，1981 年改正時に VX と称していたものである。

その他の規定事項

許容差，使用区分及び記号，特性，外観及び構造，試験，検査，製品の呼び方，表示などが規定されています。

chapter 3 ● 149

【解 説】

　熱電対は高価であるので，熱電対温度測定において，保護管内や金属管シース内では熱電対を使用します。それに接続する基準接点までの間は，補償導線を組み合わせて使用するのが一般的です。白金ロジウム熱電対の例では，空気中で連続して使用できる温度の限度は，1000℃を超えています。

　しかし，補償導線の場合の使用温度範囲は，耐熱用で 0 〜 150℃，高耐熱用で−25 〜 200℃となっています。

　補償導線とは，常温を含む相当な温度範囲内で，組み合わせて使用する熱電対とほぼ同一の熱起電力特性を有します。熱電対と基準接点の間を接続し，熱電対と接続部分（補償接点）と基準接点との温度差を補償するために使用する一対の導体に絶縁を施したものです。

17 赤外線ガス分析計を知る

赤外線ガス分析計は，JIS K 0151 (赤外線ガス分析計) に規定されています。

【規定内容】

赤外線ガス分析計の内，波長非分散・正フィルタ方式の赤外線ガス分析計で，濃度の検出を偏位方式で分析する分析計については，JIS K 0151（赤外線ガス分析計）に規定されています。その主な規定項目を示します。

種　類

定置用分析計，移動用分析計の2種類が規定されています。

定格電圧

単相 100 V とし，定格周波数は，50 Hz 又は 60 Hz それぞれ専用又は共用とするものとしています。

性能規定

次の項目を満足することが規定されています。

繰返し性，ゼロドリフト，スパンドリフト，指示誤差，応答時間，試料ガスの流量変化に対する安定性，電圧変動に対する安定性，耐電圧，絶縁抵抗など。

構造・構成

分析計は，光源，回転セクタ，光学フィルタ，試料セル，比較セル，検出器，増幅器及び指示計で構成することが規定されています。

その他の規定事項

材料，性能試験方法，表示，取扱説明書記載事項などが規定されています。

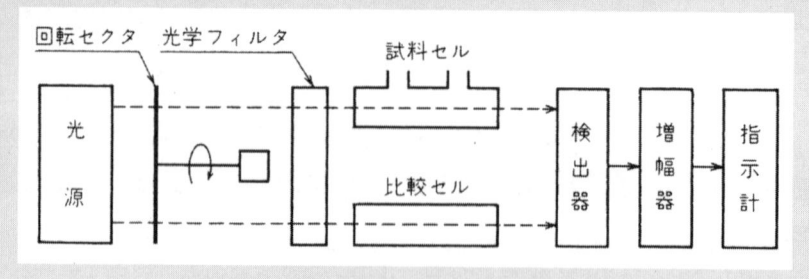

複光束分析計の構成（一例）（JIS K 0151）

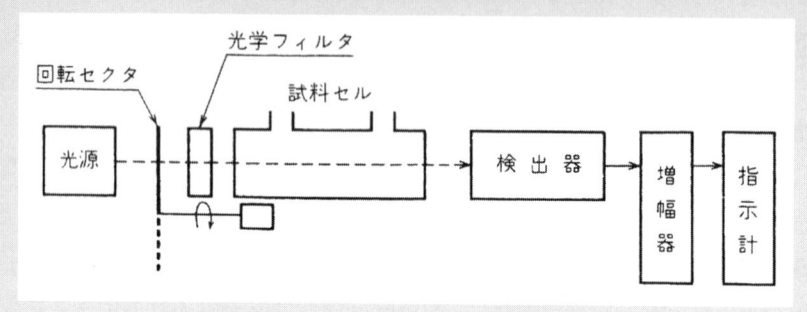

単光束分析計の構成（一例）（JIS K 0151）

【解　説】
赤外線ガス分析計（非分散型）の原理

　H_2，N_2，O_2 のような同一の2原子で分子を構成するガス以外です。CO_2，CO，CH_4，NH_3 などのように2個以上の異なる原子から構成されるガスは，その分子構造によって決まる固有の赤外線吸収波長帯を持っています。

　したがって，赤外線スペクトルにおけるガス成分の選択吸収を利用したガス分析計といえます。CO_2 などのガス成分を含んだ試料フィルタを通過した赤外線は，比較セルを通過した赤外線より光量が減少しています。この差を検知器でとらえ，増幅して指示計にその濃度を表示するものです。

　赤外線ガス分析計は，CO_2，CO，CH_4，NH_3 などを直接測定できます。

CHAPTER 4
加工材料

01 機械構造用炭素鋼鋼材を知る

機械構造用炭素鋼鋼材は，JIS G 4051（機械構造用炭素鋼鋼材）に規定されています。

【規定内容】

主として熱間圧延，熱間鍛造など，熱間加工によって製造される機械構造用炭素鋼鋼材については，JIS G 4051（機械構造用炭素鋼鋼材）に規定されています。この鋼材は，通常，鍛造，切削などの加工及び熱処理を施して使用されます。

機械構造用炭素鋼

炭素（C）を 0.10 〜 0.60 ％含有するもので一般に **SC 材**と呼ばれています。SとCの間の数字は，規定されているC量の中間値を示しており，例えば，S45C の炭素量は，0.42 〜 0.48 ％です。はだ焼鋼3種類を含めて 23 種類に細分されています。

【解　説】

JIS G 4051（機械構造用炭素鋼鋼材）には，機械的性質は規定されていませんが機械的性質が本規格（JIS G 4051）の解説に記載されています。

低炭素鋼

焼入れの効果はないので，あまり強さを必要としないボルト・ナット・ピン，その他の小物軸類などに使用されています。炭素 0.30 ％以上の鋼は，A3 線より 30 〜 50 ℃高い温度から焼入れし，550 〜 650℃で焼戻しして用いています。

C量は，使用する際の硬さや引張強さの目安となるものであり，C量が多いほど全般的に高い硬さが得られます。合金元素に関係なく焼入れによる硬さは，あくまでもC量に依存します。

化学成分（JIS G 4051）

単位 %

種類の記号	C	Si	Mn	P	S
S10C	0.08〜0.13	0.15〜0.35	0.30〜0.60	0.030 以下	0.035 以下
S12C	0.10〜0.15	0.15〜0.35	0.30〜0.60	0.030 以下	0.035 以下
S15C	0.13〜0.18	0.15〜0.35	0.30〜0.60	0.030 以下	0.035 以下
S17C	0.15〜0.20	0.15〜0.35	0.30〜0.60	0.030 以下	0.035 以下
S20C	0.18〜0.23	0.15〜0.35	0.30〜0.60	0.030 以下	0.035 以下
S22C	0.20〜0.25	0.15〜0.35	0.30〜0.60	0.030 以下	0.035 以下
S25C	0.22〜0.28	0.15〜0.35	0.30〜0.60	0.030 以下	0.035 以下
S28C	0.25〜0.31	0.15〜0.35	0.60〜0.90	0.030 以下	0.035 以下
S30C	0.27〜0.33	0.15〜0.35	0.60〜0.90	0.030 以下	0.035 以下
S33C	0.30〜0.36	0.15〜0.35	0.60〜0.90	0.030 以下	0.035 以下
S35C	0.32〜0.38	0.15〜0.35	0.60〜0.90	0.030 以下	0.035 以下
S38C	0.35〜0.41	0.15〜0.35	0.60〜0.90	0.030 以下	0.035 以下
S40C	0.37〜0.43	0.15〜0.35	0.60〜0.90	0.030 以下	0.035 以下
S43C	0.40〜0.46	0.15〜0.35	0.60〜0.90	0.030 以下	0.035 以下
S45C	0.42〜0.48	0.15〜0.35	0.60〜0.90	0.030 以下	0.035 以下
S48C	0.45〜0.51	0.15〜0.35	0.60〜0.90	0.030 以下	0.035 以下
S50C	0.47〜0.53	0.15〜0.35	0.60〜0.90	0.030 以下	0.035 以下
S53C	0.50〜0.56	0.15〜0.35	0.60〜0.90	0.030 以下	0.035 以下
S55C	0.52〜0.58	0.15〜0.35	0.60〜0.90	0.030 以下	0.035 以下
S58C	0.55〜0.61	0.15〜0.35	0.60〜0.90	0.030 以下	0.035 以下
S09CK	0.07〜0.12	0.10〜0.35	0.30〜0.60	0.025 以下	0.025 以下
S15CK	0.13〜0.18	0.15〜0.35	0.30〜0.60	0.025 以下	0.025 以下
S20CK	0.18〜0.23	0.15〜0.35	0.30〜0.60	0.025 以下	0.025 以下

注 [a] Cr は，0.20 %を超えてはならない。ただし，受渡当事者間の協定によって 0.30 %未満としてもよい。

[b] S09CK, S15CK 及び S20CK は，不純物として Cu は 0.25 %を，Ni は 0.20 %を，Ni＋Cr は 0.30 %を，その他の種類は，不純物として Cu は 0.30 %を，Ni は 0.20 %を，Ni＋Cr は 0.35 %を超えてはならない。ただし，受渡当事者間の協定によって Ni＋Cr の上限を，S09CK, S15CK 及び S20CK は，0.40 %未満，その他の種類は，0.45 %未満としてもよい。

02 構造用鋼鋼材（H 鋼）を知る

構造用鋼鋼材（H 鋼）は，JIS G 4052［焼入性を保証した構造用鋼鋼材（H 鋼）］に規定されています。

【規定内容】

熱間圧延，熱間鍛造など，熱間加工によって製造され，主に機械構造用に使用する焼入性を保証した構造用鋼鋼材については，JIS G 4052［焼入性を保証した構造用鋼鋼材（H 鋼）］に規定されています。

この鋼材は，通常，さらに鍛造，切削などの加工及び熱処理を施して使用されます。JIS 規格では，鋼材の標準化の一つとして，各鋼材について化学成分だけでなく H バンドを明示した鋼材を規定し焼入性も保証しています。その主な規定項目を示します。

鋼材の種類

鋼材の種類は 24 種類が規定されています。

種類の記号（JIS G 4052）

種類の記号	分類	種類の記号	分類
SMn420H	マンガン鋼	SCM418H	クロムモリブデン鋼
SMn433H		SCM420H	
SMn438H		SCM425H	
SMn443H		SCM435H	
SMnC420H	マンガンクロム鋼	SCM440H	
SMnC443H		SCM445H	
SCr415H	クロム鋼	SCM822H	
SCr420H		SNC415H	ニッケルクロム鋼
SCr430H		SNC631H	
SCr435H		SNC815H	
SCr440H		SNCM220H	ニッケルクロムモリブデン鋼
SCM415H	クロムモリブデン鋼	SNCM420H	

製造法

鋼材は，キルド鋼より製造し，特に指定のない限り，鍛錬成形比 4S 以上に圧延又は鍛造します。また，特に指定のない限り熱間圧延又は熱間鍛造のままとするとしています。

鋼材の溶鋼分析の方法

JIS G 0320（鋼材の溶鋼分析方法）により分析を行います。溶鋼分析値が示されています（一部を収録）。

化学成分（JIS G 4052）

単位 %

種類の記号	C	Si	Mn	P	S	Ni	Cr	Mo
SMn420H	0.16〜0.23	0.15〜0.35	1.15〜1.55	0.030 以下	0.030 以下	0.25 以下	0.35 以下	−
SMn433H	0.29〜0.36	0.15〜0.35	1.15〜1.55	0.030 以下	0.030 以下	0.25 以下	0.35 以下	−
SMn438H	0.34〜0.41	0.15〜0.35	1.30〜1.70	0.030 以下	0.030 以下	0.25 以下	0.35 以下	−
SMn443H	0.39〜0.46	0.15〜0.35	1.30〜1.70	0.030 以下	0.030 以下	0.25 以下	0.35 以下	−
SMnC420H	0.16〜0.23	0.15〜0.35	1.15〜1.55	0.030 以下	0.030 以下	0.25 以下	0.35〜0.70	−
SMnC443H	0.39〜0.46	0.15〜0.35	1.30〜1.70	0.030 以下	0.030 以下	0.25 以下	0.35〜0.70	−
SCr415H	0.12〜0.18	0.15〜0.35	0.55〜0.95	0.030 以下	0.030 以下	0.25 以下	0.85〜1.25	−
SCr420H	0.17〜0.23	0.15〜0.35	0.55〜0.95	0.030 以下	0.030 以下	0.25 以下	0.85〜1.25	−
SCr430H	0.27〜0.34	0.15〜0.35	0.55〜0.95	0.030 以下	0.030 以下	0.25 以下	0.85〜1.25	−
SCr435H	0.32〜0.39	0.15〜0.35	0.55〜0.95	0.030 以下	0.030 以下	0.25 以下	0.85〜1.25	−
SCr440H	0.37〜0.44	0.15〜0.35	0.55〜0.95	0.030 以下	0.030 以下	0.25 以下	0.85〜1.25	−
SCM415H	0.12〜0.18	0.15〜0.35	0.55〜0.95	0.030 以下	0.030 以下	0.25 以下	0.85〜1.25	0.15〜0.30
SCM418H	0.15〜0.21	0.15〜0.35	0.55〜0.95	0.030 以下	0.030 以下	0.25 以下	0.85〜1.25	0.15〜0.30
SCM420H	0.17〜0.23	0.15〜0.35	0.55〜0.95	0.030 以下	0.030 以下	0.25 以下	0.85〜1.25	0.15〜0.30
SCM425H	0.23〜0.28	0.15〜0.35	0.55〜0.95	0.030 以下	0.030 以下	0.25 以下	0.85〜1.25	0.15〜0.30
SCM435H	0.32〜0.39	0.15〜0.35	0.55〜0.95	0.030 以下	0.030 以下	0.25 以下	0.85〜1.25	0.15〜0.35
SCM440H	0.37〜0.44	0.15〜0.35	0.55〜0.95	0.030 以下	0.030 以下	0.25 以下	0.85〜1.25	0.15〜0.35
SCM445H	0.42〜0.49	0.15〜0.35	0.55〜0.95	0.030 以下	0.030 以下	0.25 以下	0.85〜1.25	0.15〜0.35
SCM822H	0.19〜0.25	0.15〜0.35	0.55〜0.95	0.030 以下	0.030 以下	0.25 以下	0.85〜1.25	0.35〜0.45
SNC415H	0.11〜0.18	0.15〜0.35	0.30〜0.70	0.030 以下	0.030 以下	1.95〜2.50	0.20〜0.55	−
SNC631H	0.26〜0.35	0.15〜0.35	0.30〜0.70	0.030 以下	0.030 以下	2.45〜3.00	0.55〜1.05	−
SNC815H	0.11〜0.18	0.15〜0.35	0.30〜0.70	0.030 以下	0.030 以下	2.95〜3.50	0.55〜1.05	−
SNCM220H	0.17〜0.23	0.15〜0.35	0.60〜0.95	0.030 以下	0.030 以下	0.35〜0.75	0.35〜0.65	0.15〜0.30
SNCM420H	0.17〜0.23	0.15〜0.35	0.40〜0.70	0.030 以下	0.030 以下	1.55〜2.00	0.35〜0.65	0.15〜0.30

注 [a] この表のすべての鋼材は，不純物として Cu が，0.30 %を超えてはならない。
 [b] 受渡当事者間の協定によって，鋼材の製品分析を行う場合，8.1 によって試験を行い，この表に対する許容変動値は，JIS G 0321 の表 4 による。

調 質
焼入性，オーステナイト結晶粒度などが規定されています。

外観，形状，寸法及びその許容差
熱間圧延棒鋼及び線材，鋼材の外観，きず取り基準，形状，寸法及びその許容差などが規定されています。

その他の規定事項
試験，検査，表示，報告などが規定されています。

【解 説】
同一規格の鋼材でもロットによる成分変動が焼入性に影響を与えます。一定の大きさの鋼材では，中心部までの焼入れの程度は，焼入液の冷却能力によって大きく影響を受けます。焼入液の冷却能力を一定にすれば，焼入性は主にその化学成分及び加熱温度によって決まります。

鋼の焼入性
通常，JIS G 0561［鋼の焼入性試験方法（一端焼入方法）］の焼入硬化深さの大小で比較します。この試験結果の鋼材の硬さと焼入端からの距離との関係のグラフを**焼入性曲線**といいます。

Hバンド
同一鋼種の化学成分及び結晶粒度のばらつきの範囲をバンドで表したものを**Hバンド**といいます。JISでは，鋼種の標準化の一つとしてHバンドを明示しています。

03 機械構造用合金鋼鋼材を知る

機械構造用合金鋼鋼材は，JIS G 4053（機械構造用合金鋼鋼材）に規定されています。

【規定内容】

熱間圧延，熱間鍛造など，熱間加工によって製造される機械構造用合金鋼鋼材については，JIS G 4053（機械構造用合金鋼鋼材）に規定されています。この鋼材は，通常，さらに鍛造，切削などの加工及び熱処理を施して使用されます。主な規定項目は，以下のとおりです。

鋼材の種類

鋼材の種類は40種類が規定されています。

種類の記号（JIS G 4053）

種類の記号	分類	種類の記号	分類	種類の記号	分類	種類の記号	分類
SMn420	マンガン鋼	SCM415	クロムモリブデン鋼	SNC236	ニッケルクロム鋼	SNCM616	ニッケルクロムモリブデン鋼
SMn433		SCM418		SNC415		SNCM625	
SMn438		SCM420		SNC631		SNCM630	
SMn443		SCM421		SNC815		SNCM815	
SMnC420	マンガンクロム鋼	SCM425		SNC836		SACM645	アルミニウムクロムモリブデン鋼
SMnC443		SCM430		SNCM220	ニッケルクロムモリブデン鋼		
SCr415	クロム鋼	SCM432		SNCM240			
SCr420		SCM435		SNCM415			
SCr430		SCM440		SNCM420			
SCr435		SCM445		SNCM431			
SCr440		SCM822		SNCM439			
SCr445				SNCM447			

注記1　SMn420, SMnC420, SCr415, SCr420, SCM415, SCM418, SCM420, SCM421, SCM425, SCM822, SNC415, SNC815, SNCM220, SNCM415, SNCM420, SNCM616及びSNCM815は，主として，はだ焼用に使用する。
注記2　SACM645は，表面窒化用に使用する。

製造法

鋼材は，キルド鋼より製造し，特に指定のない限り，鍛錬成形比4S以上に圧延又は鍛造します。また，特に指定のない限り熱間圧延又は熱間鍛造のままとするとしています。

鋼材の溶鋼分析の方法

JIS G 0320（鋼材の溶鋼分析方法）により分析を行います。溶鋼分析値が示されています（一部を収録）。

化学成分（JIS G 4053）

単位 %

種類の記号	C	Si	Mn	P	S	Ni	Cr	Mo
SMn420	0.17〜0.23	0.15〜0.35	1.20〜1.50	0.030 以下	0.030 以下	0.25 以下	0.35 以下	−
SMn433	0.30〜0.36	0.15〜0.35	1.20〜1.50	0.030 以下	0.030 以下	0.25 以下	0.35 以下	−
SMn438	0.35〜0.41	0.15〜0.35	1.35〜1.65	0.030 以下	0.030 以下	0.25 以下	0.35 以下	−
SMn443	0.40〜0.46	0.15〜0.35	1.35〜1.65	0.030 以下	0.030 以下	0.25 以下	0.35 以下	−
SMnC420	0.17〜0.23	0.15〜0.35	1.20〜1.50	0.030 以下	0.030 以下	0.25 以下	0.35〜0.70	−
SMnC443	0.40〜0.46	0.15〜0.35	1.35〜1.65	0.030 以下	0.030 以下	0.25 以下	0.35〜0.70	−
SCr415	0.13〜0.18	0.15〜0.35	0.60〜0.90	0.030 以下	0.030 以下	0.25 以下	0.90〜1.20	−
SCr420	0.18〜0.23	0.15〜0.35	0.60〜0.90	0.030 以下	0.030 以下	0.25 以下	0.90〜1.20	−
SCr430	0.28〜0.33	0.15〜0.35	0.60〜0.90	0.030 以下	0.030 以下	0.25 以下	0.90〜1.20	−
SCr435	0.33〜0.38	0.15〜0.35	0.60〜0.90	0.030 以下	0.030 以下	0.25 以下	0.90〜1.20	−
SCr440	0.38〜0.43	0.15〜0.35	0.60〜0.90	0.030 以下	0.030 以下	0.25 以下	0.90〜1.20	−
SCr445	0.43〜0.48	0.15〜0.35	0.60〜0.90	0.030 以下	0.030 以下	0.25 以下	0.90〜1.20	−
SCM415	0.13〜0.18	0.15〜0.35	0.60〜0.90	0.030 以下	0.030 以下	0.25 以下	0.90〜1.20	0.15〜0.25
SCM418	0.16〜0.21	0.15〜0.35	0.60〜0.90	0.030 以下	0.030 以下	0.25 以下	0.90〜1.20	0.15〜0.25
SCM420	0.18〜0.23	0.15〜0.35	0.60〜0.90	0.030 以下	0.030 以下	0.25 以下	0.90〜1.20	0.15〜0.30
SCM421	0.17〜0.23	0.15〜0.35	0.70〜1.00	0.030 以下	0.030 以下	0.25 以下	0.90〜1.20	0.15〜0.25
SCM425	0.23〜0.28	0.15〜0.35	0.60〜0.90	0.030 以下	0.030 以下	0.25 以下	0.90〜1.20	0.15〜0.30
SCM430	0.28〜0.33	0.15〜0.35	0.60〜0.90	0.030 以下	0.030 以下	0.25 以下	0.90〜1.20	0.15〜0.30
SCM432	0.27〜0.37	0.15〜0.35	0.30〜0.60	0.030 以下	0.030 以下	0.25 以下	1.00〜1.50	0.15〜0.30
SCM435	0.33〜0.38	0.15〜0.35	0.60〜0.90	0.030 以下	0.030 以下	0.25 以下	0.90〜1.20	0.15〜0.30
SCM440	0.38〜0.43	0.15〜0.35	0.60〜0.90	0.030 以下	0.030 以下	0.25 以下	0.90〜1.20	0.15〜0.30
SCM445	0.43〜0.48	0.15〜0.35	0.60〜0.90	0.030 以下	0.030 以下	0.25 以下	0.90〜1.20	0.15〜0.30
SCM822	0.20〜0.25	0.15〜0.35	0.60〜0.90	0.030 以下	0.030 以下	0.25 以下	0.90〜1.20	0.35〜0.45
SNC236	0.32〜0.40	0.15〜0.35	0.50〜0.80	0.030 以下	0.030 以下	1.00〜1.50	0.50〜0.90	−
SNC415	0.12〜0.18	0.15〜0.35	0.35〜0.65	0.030 以下	0.030 以下	2.00〜2.50	0.20〜0.50	−
SNC631	0.27〜0.35	0.15〜0.35	0.35〜0.65	0.030 以下	0.030 以下	2.50〜3.00	0.60〜1.00	−
SNC815	0.12〜0.18	0.15〜0.35	0.35〜0.65	0.030 以下	0.030 以下	3.00〜3.50	0.60〜1.00	−
SNC836	0.32〜0.40	0.15〜0.35	0.35〜0.65	0.030 以下	0.030 以下	3.00〜3.50	0.60〜1.00	−
SNCM220	0.17〜0.23	0.15〜0.35	0.60〜0.90	0.030 以下	0.030 以下	0.40〜0.70	0.40〜0.60	0.15〜0.25
SNCM240	0.38〜0.43	0.15〜0.35	0.70〜1.00	0.030 以下	0.030 以下	0.40〜0.70	0.40〜0.60	0.15〜0.30
SNCM415	0.12〜0.18	0.15〜0.35	0.40〜0.70	0.030 以下	0.030 以下	1.60〜2.00	0.40〜0.60	0.15〜0.30
SNCM420	0.17〜0.23	0.15〜0.35	0.40〜0.70	0.030 以下	0.030 以下	1.60〜2.00	0.40〜0.60	0.15〜0.30
SNCM431	0.27〜0.35	0.15〜0.35	0.60〜0.90	0.030 以下	0.030 以下	1.60〜2.00	0.60〜1.00	0.15〜0.30
SNCM439	0.36〜0.43	0.15〜0.35	0.60〜0.90	0.030 以下	0.030 以下	1.60〜2.00	0.60〜1.00	0.15〜0.30
SNCM447	0.44〜0.50	0.15〜0.35	0.60〜0.90	0.030 以下	0.030 以下	1.60〜2.00	0.60〜1.00	0.15〜0.30
SNCM616	0.13〜0.20	0.15〜0.35	0.80〜1.20	0.030 以下	0.030 以下	2.80〜3.20	1.40〜1.80	0.40〜0.60

外観，形状，寸法及びその許容差

熱間圧延棒鋼及び線材，熱間圧延鋼板及び鋼帯並びに冷間圧延鋼板及び鋼帯，熱間圧延平鋼，その他の鋼材などが規定されています。

その他の規定項目

試験，検査，表示，報告などが規定されています。

【解 説】

機械構造用合金鋼鋼材は，機械構造用炭素鋼成分に Cr，Mn，Mo，Ni などの合金元素を添加し，焼入性・焼戻し軟化抵抗性を高め，各種機械部品などに必要な機械的強度や粘り強さを持たせた鋼で一般的に**強靭鋼**とも呼ばれます。

強靭鋼の主な鋼材のうち，マンガン鋼（SMn），マンガンクロム鋼（SMnC）は，焼入性がよく，大量生産部品用の鋼材として多用されています。クロム鋼（SCr）は，Cr が C との炭化物を形成し，耐摩耗性が良く，小物の強度部材として多く使用されています。

ニッケルクロムモリブデン鋼（SNCM）は，Mo が 0.15 ～ 0.3％添加され，ニッケルクロム鋼より焼入性を更に向上させ，焼戻しぜい性も改善され粘り強さもよく，構造用合金鋼の中でも機械的性質が最も優れています。

04 ステンレス鋼棒を知る

ステンレス鋼棒は，JIS G 4303（ステンレス鋼棒）に規定されています。

【規定内容】

熱間仕上げステンレス鋼を熱間で丸，角，六角及び平板に成形した棒状又は板状の製品については，JIS G 4303（ステンレス鋼棒）に規定されています。主な規定項目は，以下のとおりです。

種類の記号

棒の種類は61種類が規定されています。

化学成分

鋼材の溶鋼分析の方法として，JIS G 0320（鋼材の溶鋼分析方法）の分析を行います。溶鋼分析値が示されています（一部を収録）。

機械的性質

オーステナイト系の機械的性質，オーステナイト・フェライト系の機械的性質，フェライト系の機械的性質，マルテンサイト系の機械的性質が規定されています。

その他の規定事項

耐食性，形状及び寸法許容差，質量の算出方法，外観，製造方法，熱処理，試験，検査，表示，報告などが規定されています。

【解　説】

炭素鋼

大気中では酸化しやすく，特に高温（500℃以上）では酸化が著しく進みます。Crを12％以上加えた鋼を**ステンレス鋼**といい，大気中ではほとんど酸化されません。これは鋼表面にCr酸化保護被膜が形成され酸化が抑えられるからです。

種類の記号及び分類（JIS G 4303）

種類の記号	分類	種類の記号	分類
SUS201	オーステナイト系	SUS321	オーステナイト系
SUS202		SUS347	
SUS301		SUSXM7	
SUS302		SUSXM15J1	
SUS303		SUS329J1	オーステナイト・フェライト系
SUS303Se		SUS329J3L	
SUS303Cu		SUS329J4L	
SUS304		SUS405	フェライト系
SUS304L		SUS410L	
SUS304N1		SUS430	
SUS304N2		SUS430F	
SUS304LN		SUS434	
SUS304J3		SUS447J1	
SUS305		SUSXM27	
SUS309S		SUS403	マルテンサイト系
SUS310S		SUS410	
SUS312L		SUS410J1	
SUS316		SUS410F2	
SUS316L		SUS416	
SUS316N		SUS420J1	
SUS316LN		SUS420J2	
SUS316Ti		SUS420F	
SUS316J1		SUS420F2	
SUS316J1L		SUS431	
SUS316F		SUS440A	
SUS317		SUS440B	
SUS317L		SUS440C	
SUS317LN		SUS440F	
SUS317J1		SUS630	析出硬化系
SUS836L		SUS631	
SUS890L			

棒であることを記号で表す必要がある場合には，種類の記号の末尾に，－Bを付記する。
例 SUS304－B

オーステナイト系ステンレス鋼の化学成分（JIS G 4303）

単位 %

種類の記号	C	Si	Mn	P	S	Ni	Cr	Mo	Cu	N	その他
SUS201	0.15以下	1.00以下	5.50～7.50	0.060以下	0.030以下	3.50～5.50	16.00～18.00	—	—	0.25以下	—
SUS202	0.15以下	1.00以下	7.50～10.00	0.060以下	0.030以下	4.00～6.00	17.00～19.00	—	—	0.25以下	—
SUS301	0.15以下	1.00以下	2.00以下	0.045以下	0.030以下	6.00～8.00	16.00～18.00	—	—	—	—
SUS302	0.15以下	1.00以下	2.00以下	0.045以下	0.030以下	8.00～10.00	17.00～19.00	—	—	—	—
SUS303	0.15以下	1.00以下	2.00以下	0.20以下	0.15以上	8.00～10.00	17.00～19.00	—a)	—	—	—
SUS303Se	0.15以下	1.00以下	2.00以下	0.20以下	0.060以下	8.00～10.00	17.00～19.00	—	—	—	Se 0.15以上
SUS303Cu	0.15以下	1.00以下	3.00以下	0.20以下	0.15以上	8.00～10.00	17.00～19.00	—a)	1.50～3.50	—	—
SUS304	0.08以下	1.00以下	2.00以下	0.045以下	0.030以下	8.00～10.50	18.00～20.00	—	—	—	—
SUS304L	0.030以下	1.00以下	2.00以下	0.045以下	0.030以下	9.00～13.00	18.00～20.00	—	—	—	—

ステンレス鋼

Cr系とCr‐Ni系に大別されます。さらにCr系は，組織によってフェライト系とマルテンサイト系とに，Cr‐Ni系は，オーステナイト系及び析出硬化系に分類されます。

フェライト系ステンレス鋼

SUS430［(16～18％（Cr）］が代表的鋼種で高温から低温まで組織がフェライト一相で変態がなく，焼きが入らないので硬度は低いのですが，一般的環境下では，耐食性，溶接性に優れています。

マルテンサイト系ステンレス鋼

代表的鋼種として，SUS403［13％（Cr）］とSUS440［17％（Cr）］があります。C量0.1％を超えると高温でオーステナイト1相となり，この状態から焼入れし組織をマルテンサイト組織とし，適当な温度で焼戻しをして硬度を高くしたり耐摩耗性を持たせたりします。

オーステナイト系ステンレス鋼

代表的鋼種としては，SUS304（18% Cr - 8% Ni）です。組織はオーステナイト1相です。Cr に Ni が加わると酸化保護被膜はさらに緻密になり耐食性，耐酸化性が向上します。

しかし，オーステナイト中の炭素は，600 ～ 800℃で徐冷されると Cr 炭化物が結晶粒界に析出しやすくなり，粒界の Cr 不足による粒界腐食を起こしやすくなります。また，残留応力のある状態で塩化物溶液中で使用した場合に応力腐食割れが発生する恐れがあります。この対策として，C 量は 0.08％以下にし，熱処理として 1050℃以上の高熱で加熱保持後急冷する固溶化処理を行います。

析出硬化系ステンレス鋼

代表的鋼種として，SUS 630，SUS 631 があります。SUS 630 は，固溶加熱処理でマルテンサイト化させてから，470 ～ 630℃で加熱保持後空冷し，時効処理で Cu を主体とした金属間化合物が析出し，硬化します。

SUS 631 は，固溶化処理後サブゼロ処理や冷間加工により組織をマルテンサイト化し，時効処理で金属間化合物の Ni 3 Al を微細に析出させ，強化したステンレス鋼です。析出硬化系ステンレス鋼は強度が高く，耐食性，耐摩耗性，高強度を必要とする部品に用いられています。

05 炭素工具鋼鋼材を知る

炭素工具鋼鋼材は，JIS G 4401（炭素工具鋼鋼材）に規定されています。

【規定内容】

主として熱間圧延，又は熱間鍛造によって製造される炭素工具鋼鋼材については，JIS G 4401（炭素工具鋼鋼材）に規定されています。主な規定項目は，以下のとおりです。

鋼材の種類

鋼材の種類は 11 種類が規定されています。

鋼材の種類の記号及び化学成分（JIS G 4401）

単位 %

種類の記号	化学成分 [a]					用途例（参考）
	C	Si	Mn	P	S	
SK140 (SK1)	1.30〜1.50	0.10〜0.35	0.10〜0.50	0.030 以下	0.030 以下	刃やすり・紙やすり
SK120 (SK2)	1.15〜1.25	0.10〜0.35	0.10〜0.50	0.030 以下	0.030 以下	ドリル・小形ポンチ・かみそり・鉄工やすり・刃物・ハクソー・ぜんまい
SK105 (SK3)	1.00〜1.10	0.10〜0.35	0.10〜0.50	0.030 以下	0.030 以下	ハクソー・たがね・ゲージ・ぜんまい・プレス型・治工具・刃物
SK95 (SK4)	0.90〜1.00	0.10〜0.35	0.10〜0.50	0.030 以下	0.030 以下	木工用きり・おの・たがね・ぜんまい・ペン先・チゼル・スリッターナイフ・プレス型・ゲージ・メリヤス針
SK90	0.85〜0.95	0.10〜0.35	0.10〜0.50	0.030 以下	0.030 以下	プレス型・ぜんまい・ゲージ・針
SK85 (SK5)	0.80〜0.90	0.10〜0.35	0.10〜0.50	0.030 以下	0.030 以下	刻印・プレス型・ぜんまい・帯のこ・治工具・刃物・丸のこ・ゲージ・針
SK80	0.75〜0.85	0.10〜0.35	0.10〜0.50	0.030 以下	0.030 以下	刻印・プレス型・ぜんまい
SK75 (SK6)	0.70〜0.80	0.10〜0.35	0.10〜0.50	0.030 以下	0.030 以下	刻印・スナップ・丸のこ・ぜんまい・プレス型
SK70	0.65〜0.75	0.10〜0.35	0.10〜0.50	0.030 以下	0.030 以下	刻印・スナップ・ぜんまい・プレス型
SK65 (SK7)	0.60〜0.70	0.10〜0.35	0.10〜0.50	0.030 以下	0.030 以下	刻印・スナップ・プレス型・ナイフ
SK60	0.55〜0.65	0.10〜0.35	0.10〜0.50	0.030 以下	0.030 以下	刻印・スナップ・プレス型

注記 括弧書きの (SKx) は，旧 JIS の種類の記号を示す。ただし，次回改正時には，削除する。
なお，JIS の種類の記号と対応する ISO の記号を，附属書 JB に示す。
注 [a] 各種類とも不純物として Cu は 0.25 %を，Cr は 0.30 %を，Ni は 0.25 %を超えてはならない。

製造法

鋼材は，キルド鋼より製造し，特に指定のない限り，鍛錬成形比 4S 以上に圧延又は鍛造します。ただし，鋼材寸法の関係から 4S 未満となる場合は，据込み鍛錬によって補うことができることが規定されています。

鋼板，鋼帯を除く鋼材は，通常，熱間圧延又は熱間鍛造後に焼なまし熱処理を行い，鋼板，鋼帯は特に指定のない限り，熱間圧延のままとすることが規定されています。

鋼材の溶鋼分析の方法

JIS G 0320（鋼材の溶鋼分析方法）により分析を行います。溶鋼分析値が示されています（一部を収録）。

熱処理と硬さ

鋼板，鋼帯を除く鋼材で，熱間圧延又は熱間鍛造後に焼なまし熱処理を行います。

鋼材の焼なまし硬さ（除く鋼板及び鋼帯）（JIS G 4401）

種類の記号	焼なまし温度 ℃	焼なまし硬さ HBW
SK140	750～780　徐冷	217 以下
SK120	750～780　徐冷	217 以下
SK105	750～780　徐冷	212 以下
SK95	740～760　徐冷	207 以下
SK90	740～760　徐冷	207 以下
SK85	730～760　徐冷	207 以下
SK80	730～760　徐冷	192 以下
SK75	730～760　徐冷	192 以下
SK70	730～760　徐冷	183 以下
SK65	730～760　徐冷	183 以下
SK60	730～760　徐冷	183 以下

その他の規定項目

外観，形状，寸法及びその許容差，脱炭層深さ，試験，検査，表示，報告などが規定されています。

【解　説】

　炭素工具鋼は，主として金属材料の切削工具，ダイス・型材のような成型工具，及び計測工具などの素材に使用されています。

　常温・高温の硬さと耐摩耗性が大きいことが要求され，工具鋼は鍛造，切削，熱処理加工が施されることから，加工や熱処理が容易で，加工変形も少ないことが必要です。

　安価で工具鋼として広く利用されていますが，焼入性，焼戻し，軟化抵抗が小さいため，主として小型の工具鋼として多く用いられています。

06 高速度工具鋼鋼材を知る

高速度工具鋼鋼材は，JIS G 4403（高速度工具鋼鋼材）に規定されています。

【規定内容】

熱間圧延，又は鍛造によって造られた高速度工具鋼鋼材については，JIS G 4403（高速度工具鋼鋼材）に規定されています。主な規定項目は，以下のとおりです。

鋼材の種類

鋼材の種類は 15 種類が規定されています。

種類の記号（JIS G 4403）

種類の記号	分類
SKH2	タングステン系高速度工具鋼鋼材
SKH3	
SKH4	
SKH10	
SKH40	粉末や(冶)金で製造したモリブデン系高速度工具鋼鋼材
SKH50	モリブデン系高速度工具鋼鋼材
SKH51	
SKH52	
SKH53	
SKH54	
SKH55	
SKH56	
SKH57	
SKH58	
SKH59	

参考　JIS の種類の記号と対応する ISO の記号を，附属書 1 に示す。

製造法

鋼材は，キルド鋼より製造し，特に指定のない限り，鍛錬成形比 4S 以上に圧

延又は鍛造します。ただし，鋼材寸法の関係から 4S 未満となる場合は，据込み鍛錬によって補うことができると規定されています。鋼板，鋼帯を除く鋼材は，通常，熱間圧延又は熱間鍛造後に焼なまし熱処理を行い，鋼板や鋼帯は，特に指定のない限り，熱間圧延のままとすることが規定さています。

鋼材の溶鋼分析の方法

JIS G 0320（鋼材の溶鋼分析方法）により分析を行います。溶鋼分析値が示

化学成分（JIS G 4403）

単位 %

種類の記号	化学成分(1)(2)										用途例（参考）
	C	Si	Mn	P	S	Cr	Mo	W	V	Co	
SKH2	0.73〜0.83	0.45 以下	0.40 以下	0.030 以下	0.030 以下	3.80〜4.50	―	17.20〜18.70	1.00〜1.20	―	一般切削用 その他各種工具
SKH3	0.73〜0.83	0.45 以下	0.40 以下	0.030 以下	0.030 以下	3.80〜4.50	―	17.00〜19.00	0.80〜1.20	4.50〜5.50	高速重切削用 その他各種工具
SKH4	0.73〜0.83	0.45 以下	0.40 以下	0.030 以下	0.030 以下	3.80〜4.50	―	17.00〜19.00	1.00〜1.50	9.00〜11.00	難削材切削用 その他各種工具
SKH10	1.45〜1.60	0.45 以下	0.40 以下	0.030 以下	0.030 以下	3.80〜4.50	―	11.50〜13.50	4.20〜5.20	4.20〜5.20	高難切削削用 その他各種工具
SKH40	1.23〜1.33	0.45 以下	0.40 以下	0.030 以下	0.030 以下	3.80〜4.50	4.70〜5.30	5.70〜6.70	2.70〜3.20	8.00〜8.80	硬さ，じん性，耐摩耗性を必要とする一般切削用，その他各種工具
SKH50	0.77〜0.87	0.70 以下	0.45 以下	0.030 以下	0.030 以下	3.50〜4.50	8.00〜9.00	1.40〜2.00	1.00〜1.40	―	じん性を必要とする一般切削用 その他各種工具
SKH51	0.80〜0.88	0.45 以下	0.40 以下	0.030 以下	0.030 以下	3.80〜4.50	4.70〜5.20	5.90〜6.70	1.70〜2.10	―	
SKH52	1.00〜1.10	0.45 以下	0.40 以下	0.030 以下	0.030 以下	3.80〜4.50	5.50〜6.50	5.90〜6.70	2.30〜2.60	―	比較的じん性を必要とする高硬度材切削用，その他各種工具
SKH53	1.15〜1.25	0.45 以下	0.40 以下	0.030 以下	0.030 以下	3.80〜4.50	4.70〜5.20	5.90〜6.70	2.70〜3.20	―	
SKH54	1.25〜1.40	0.45 以下	0.40 以下	0.030 以下	0.030 以下	3.80〜4.50	4.20〜5.00	5.20〜6.00	3.70〜4.20	―	高難削材切削用 その他各種工具
SKH55	0.87〜0.95	0.45 以下	0.40 以下	0.030 以下	0.030 以下	3.80〜4.50	4.70〜5.20	5.90〜6.70	1.70〜2.10	4.50〜5.00	比較的じん性を必要とする高速重切削用，その他各種工具
SKH56	0.85〜0.95	0.45 以下	0.40 以下	0.030 以下	0.030 以下	3.80〜4.50	4.70〜5.20	5.90〜6.70	1.70〜2.10	7.00〜9.00	
SKH57	1.20〜1.35	0.45 以下	0.40 以下	0.030 以下	0.030 以下	3.80〜4.50	3.20〜3.90	9.00〜10.00	3.00〜3.50	9.50〜10.50	高難削材切削用，その他各種工具
SKH58	0.95〜1.05	0.70 以下	0.40 以下	0.030 以下	0.030 以下	3.50〜4.50	8.20〜9.20	1.50〜2.10	1.70〜2.20	―	じん性を必要とする一般切削用 その他各種工具
SKH59	1.05〜1.15	0.70 以下	0.40 以下	0.030 以下	0.030 以下	3.50〜4.50	9.00〜10.00	1.20〜1.90	0.90〜1.30	7.50〜8.50	比較的じん性を必要とする高速重切削用，その他各種工具

注(1) 表 2 に規定のない元素は，受渡当事者間の協定がない限り，溶鋼を仕上げる目的以外に意図的に添加してはならない。
(2) 各種類とも不純物として Cu は，0.25 % を超えてはならない。

されています(一部を収録)。

熱処理と硬さ

鋼板,鋼帯を除く鋼材で,熱間圧延又は熱間鍛造後に焼なまし,焼入焼戻し熱処理を行います。

鋼材の焼なまし硬さ(JIS G 4403)

種類の記号	焼なまし温度 ℃	焼なまし硬さ HBW
SKH2	820〜880 徐冷	269 以下
SKH3	840〜900 徐冷	269 以下
SKH4	850〜910 徐冷	285 以下
SKH10	820〜900 徐冷	285 以下
SKH40	800〜880 徐冷	302 以下
SKH50	800〜880 徐冷	262 以下
SKH51	800〜880 徐冷	262 以下
SKH52	800〜880 徐冷	262 以下
SKH53	800〜880 徐冷	269 以下
SKH54	800〜880 徐冷	269 以下
SKH55	800〜880 徐冷	269 以下
SKH56	800〜880 徐冷	285 以下
SKH57	800〜880 徐冷	293 以下
SKH58	800〜880 徐冷	269 以下
SKH59	800〜880 徐冷	277 以下

試験片の焼入焼戻し硬さ（JIS G 4403）

種類の記号	熱処理温度 °C 焼入れ	熱処理温度 °C 焼戻し	焼入焼戻し硬さ HRC
SKH2	1 260　油冷	560　空冷	63 以上
SKH3	1 270　油冷	560　空冷	64 以上
SKH4	1 270　油冷	560　空冷	64 以上
SKH10	1 230　油冷	560　空冷	64 以上
SKH40	1 180　油冷	560　空冷	65 以上
SKH50	1·190　油冷	560　空冷	63 以上
SKH51	1 220　油冷	560　空冷	64 以上
SKH52	1 200　油冷	560　空冷	64 以上
SKH53	1 200　油冷	560　空冷	64 以上
SKH54	1 210　油冷	560　空冷	64 以上
SKH55	1 210　油冷	560　空冷	64 以上
SKH56	1 210　油冷	560　空冷	64 以上
SKH57	1 230　油冷	560　空冷	66 以上
SKH58	1 200　油冷	560　空冷	64 以上
SKH59	1 190　油冷	550　空冷	66 以上

備考　各種類とも焼戻しは，2回繰り返す。

その他の規定事項

外観，形状，寸法及びその許容差，脱炭層深さ，試験などが規定されています。

【解　説】

高速度工具鋼は，合金工具鋼のうちでもより切削力を向上させた鋼です。切削工具鋼では，最も広く使用され，バイト・ドリルを始めとして，フライス・ボブ又はダイス，その他の重要な工具として利用されています。

Cr が約 4％入っており，W と V を含有している W 系と，それに Mo を加えた Mo 系があります。この鋼は基地に Cr, Mo, W などの硬い炭化物を多量に析出しており，高速の切削で，刃先の温度が 500〜600℃くらいまで硬さが低下せず耐摩耗性を高くしています。

07 合金工具鋼鋼材を知る

合金工具鋼鋼材は，JIS G 4404（合金工具鋼鋼材）に規定されています。

【規定内容】

熱間圧延，又は鍛造によってつくられた合金工具鋼鋼材については，JIS G 4404（合金工具鋼鋼材）に規定されています。主な規定項目は，以下のとおりです。

鋼材の種類

鋼材の種類は 32 種類が規定されています。

製造法

鋼材は，キルド鋼より製造し，特に指定のない限り，鍛錬成形比 4S 以上に圧延又は鍛造します。ただし，鋼材寸法の関係から 4S 未満となる場合は，据込み鍛錬によって補うことができると規定されています。鋼材は，特に指定のない限り焼なまし熱処理を行うことが規定されています。

鋼材の溶鋼分析の方法

JIS G 0320（鋼材の溶鋼分析方法）により分析を行います。溶鋼分析値が示されています（一部を収録）。

熱処理と硬さ

合金工具鋼鋼材では，熱間圧延又は熱間鍛造後に焼なまし，焼入焼戻し熱処理を行います。

その他の規定事項

鋼材の焼なまし硬さ，焼入焼戻し硬さ，外観，寸法及びその許容差，脱炭層深さ，試験，検査，表示，報告などが規定されています。

種類の記号（JIS G 4404）

種類の記号	適用
SKS 11 SKS 2 SKS 21 SKS 5 SKS 51 SKS 7 SKS 81 SKS 8	主として切削工具鋼用
SKS 4 SKS 41 SKS 43 SKS 44	主として耐衝撃工具鋼用
SKS 3 SKS 31 SKS 93 SKS 94 SKS 95 SKD 1 SKD 2 SKD 10 SKD 11 SKD 12	主として冷間金型用
SKD 4 SKD 5 SKD 6 SKD 61 SKD 62 SKD 7 SKD 8 SKT 3 SKT 4 SKT 6	主として熱間金型用

参考 JIS の種類の記号と対応する ISO の記号を**附属書1**に示す。

化学成分（切削工具鋼用）（JIS G 4404）

単位 %

種類の記号	化学成分[1][2]									用途例（参考）
	C	Si	Mn	P	S	Ni	Cr	W	V	
SKS 11	1.20〜1.30	0.35以下	0.50以下	0.030以下	0.030以下	—	0.20〜0.50	3.00〜4.00	0.10〜0.30	バイト・冷間引抜ダイス・センタドリル
SKS 2	1.00〜1.10	0.35以下	0.80以下	0.030以下	0.030以下	—	0.50〜1.00	1.00〜1.50	([3])	タップ・ドリル・カッタ・プレス型
SKS 21	1.00〜1.10	0.35以下	0.50以下	0.030以下	0.030以下	—	0.20〜0.50	0.50〜1.00	0.10〜0.25	ねじ切ダイス
SKS 5	0.75〜0.85	0.35以下	0.50以下	0.030以下	0.030以下	0.70〜1.30	0.20〜0.50	—	—	丸のこ・帯のこ
SKS 51	0.75〜0.85	0.35以下	0.50以下	0.030以下	0.030以下	1.30〜2.00	0.20〜0.50	—	—	
SKS 7	1.10〜1.20	0.35以下	0.50以下	0.030以下	0.030以下	—	0.20〜0.50	2.00〜2.50	([3])	ハクソー
SKS 81	1.10〜1.30	0.35以下	0.50以下	0.030以下	0.030以下	—	0.20〜0.50	—	—	替刃，刃物，ハクソー
SKS 8	1.30〜1.50	0.35以下	0.50以下	0.030以下	0.030以下	—	0.20〜0.50	—	—	刃やすり・組やすり

注([1]) 表 2 に規定のない元素は，受渡当事者間の協定がない限り，溶鋼を仕上げる目的以外に意図的に添加してはならない。
([2]) 各種類とも不純物として Ni は 0.25 ％（SKS 5 及び SKS 51 を除く。），Cu は 0.25 ％を超えてはならない。
([3]) SKS 2 及び SKS 7 は，V 0.20 ％以下を添加してもよい。

化学成分（耐衝撃工具鋼用）（JIS G 4404）

単位 %

種類の記号	化学成分[4][5]								用途例（参考）
	C	Si	Mn	P	S	Cr	W	V	
SKS 4	0.45〜0.55	0.35以下	0.50以下	0.030以下	0.030以下	0.50〜1.00	0.50〜1.00	—	たがね・ポンチ・シャー刃
SKS 41	0.35〜0.45	0.35以下	0.50以下	0.030以下	0.030以下	1.00〜1.50	2.50〜3.50	—	
SKS 43	1.00〜1.10	0.10〜0.30	0.10〜0.40	0.030以下	0.030以下	([6])	—	0.10〜0.20	さく岩機用ピストン・ヘッディングダイス
SKS 44	0.80〜0.90	0.25以下	0.30以下	0.030以下	0.030以下	([6])	—	0.10〜0.25	たがね・ヘッディングダイス

注([4]) 表 3 に規定のない元素は，受渡当事者間の協定がない限り，溶鋼を仕上げる目的以外に意図的に添加してはならない。
([5]) 各種類とも不純物として Ni は 0.25 ％，Cu は 0.25 ％を超えてはならない。
([6]) 不純物として SKS 43 及び SKS 44 の Cr は，0.20 ％を超えてはならない。

化学成分（冷間金型用）（JIS G 4404）

単位　%

種類の記号	化学成分[7]									用途例（参考）
	C	Si	Mn	P	S	Cr	Mo	W	V	
SKS 3	0.90〜1.00	0.35以下	0.90〜1.20	0.030以下	0.030以下	0.50〜1.00	—	0.50〜1.00	—	ゲージ・シャー刃・プレス型・ねじ切ダイス
SKS 31	0.95〜1.05	0.35以下	0.90〜1.20	0.030以下	0.030以下	0.80〜1.20	—	1.00〜1.50	—	ゲージ・プレス型・ねじ切ダイス
SKS 93	1.00〜1.10	0.50以下	0.80〜1.10	0.030以下	0.030以下	0.20〜0.60	—	—	—	シャー刃・ゲージ・プレス型
SKS 94	0.90〜1.00	0.50以下	0.80〜1.10	0.030以下	0.030以下	0.20〜0.60	—	—	—	
SKS 95	0.80〜0.90	0.50以下	0.80〜1.10	0:030以下	0.030以下	0.20〜0.60	—	—	—	
SKD 1	1.90〜2.20	0.10〜0.60	0.20〜0.60	0.030以下	0.030以下	11.00〜13.00	—	—	([8])	線引ダイス・プレス型・れんが型・粉末成形型
SKD 2	2.00〜2.30	0.10〜0.40	0.30〜0.60	0.030以下	0.030以下	11.00〜13.00	—	0.60〜0.80	—	
SKD 10	1.45〜1.60	0.10〜0.60	0.20〜0.60	0.030以下	0.030以下	11.00〜13.00	0.70〜1.00	—	0.70〜1.00	ゲージ・ねじ転造ダイス・金属刃物・ホーミングロール・プレス型
SKD 11	1.40〜1.60	0.40以下	0.60以下	0.030以下	0.030以下	11.00〜13.00	0.80〜1.20	—	0.20〜0.50	
SKD 12	0.95〜1.05	0.10〜0.40	0.40〜0.80	0.030以下	0.030以下	4.80〜5.50	0.90〜1.20	—	0.15〜0.35	

注([7])　表 4 に規定のない元素は、受渡当事者間の協定がない限り、溶鋼を仕上げる目的以外に意図的に添加してはならない。
([8])　SKD 1 は、V 0.30 %以下を添加してもよい。

化学成分（熱間金型用）（JIS G 4404）

単位　%

種類の記号	化学成分[9]											用途例（参考）
	C	Si	Mn	P	S	Ni	Cr	Mo	W	V	Co	
SKD 4	0.25〜0.35	0.40以下	0.60以下	0.030以下	0.020以下	—	2.00〜3.00	—	5.00〜6.00	0.30〜0.50	—	プレス型・ダイカスト型・押出工具・シャーブレード
SKD 5	0.25〜0.35	0.10〜0.40	0.15〜0.45	0.030以下	0.020以下	—	2.50〜3.20	—	8.50〜9.50	0.30〜0.50	—	
SKD 6	0.32〜0.42	0.80〜1.20	0.50以下	0.030以下	0.020以下	—	4.50〜5.50	1.00〜1.50	—	0.30〜0.50	—	
SKD 61	0.35〜0.42	0.80〜1.20	0.25〜0.50	0.030以下	0.020以下	—	4.80〜5.50	1.00〜1.50	—	0.80〜1.15	—	
SKD 62	0.32〜0.40	0.80〜1.20	0.20〜0.50	0.030以下	0.020以下	—	4.75〜5.50	1.00〜1.60	1.00〜1.60	0.20〜0.50	—	プレス型・押出工具
SKD 7	0.28〜0.35	0.10〜0.40	0.15〜0.45	0.030以下	0.020以下	—	2.70〜3.20	2.50〜3.00	—	0.40〜0.70	—	プレス型・押出工具
SKD 8	0.35〜0.45	0.15〜0.50	0.20〜0.50	0.030以下	0.020以下	—	4.00〜4.70	0.30〜0.50	3.80〜4.50	1.70〜2.10	4.00〜4.50	プレス型・ダイカスト型・押出工具
SKT 3	0.50〜0.60	0.35以下	0.60〜0.90	0.030以下	0.020以下	0.25〜0.60	0.90〜1.20	0.30〜0.50	—	([10])	—	鍛造型・プレス型・押出工具
SKT 4	0.50〜0.60	0.10〜0.40	0.60〜0.90	0.030以下	0.020以下	1.50〜1.80	0.80〜1.20	0.35〜0.55	—	0.05〜0.15	—	
SKT 6	0.40〜0.50	0.10〜0.40	0.20〜0.50	0.030以下	0.020以下	3.80〜4.30	1.20〜1.50	0.15〜0.35	—	—	—	

注([9])　表 5 に規定のない元素は、受渡当事者間の協定がない限り、溶鋼を仕上げる目的以外に意図的に添加してはならない。
([10])　SKT 3 は、V 0.20 %以下を添加してもよい。

鋼材の焼なまし硬さ（JIS G 4404）

区分	種類の記号	焼なまし温度 ℃	焼なまし硬さ HBW
切削工具鋼用	SKS 11	780〜850　徐冷	241 以下
	SKS 2	750〜800　徐冷	217 以下
	SKS 21	750〜800　徐冷	217 以下
	SKS 5	750〜800　徐冷	207 以下
	SKS 51	750〜800　徐冷	207 以下
	SKS 7	750〜800　徐冷	217 以下
	SKS 81	750〜800　徐冷	212 以下
	SKS 8	750〜800　徐冷	217 以下
耐衝撃工具鋼用	SKS 4	740〜780　徐冷	201 以下
	SKS 41	760〜820　徐冷	217 以下
	SKS 43	750〜800　徐冷	212 以下
	SKS 44	730〜780　徐冷	207 以下
冷間金型用	SKS 3	750〜800　徐冷	217 以下
	SKS 31	750〜800　徐冷	217 以下
	SKS 93	750〜780　徐冷	217 以下
	SKS 94	740〜760　徐冷	212 以下
	SKS 95	730〜760　徐冷	212 以下
	SKD 1	830〜880　徐冷	248 以下
	SKD 2	830〜880　徐冷	255 以下
	SKD 10	830〜880　徐冷	255 以下
	SKD 11	830〜880　徐冷	255 以下
	SKD 12	830〜880　徐冷	241 以下
熱間金型用	SKD 4	800〜850　徐冷	235 以下
	SKD 5	800〜850　徐冷	241 以下
	SKD 6	820〜870　徐冷	229 以下
	SKD 61	820〜870　徐冷	229 以下
	SKD 62	820〜870　徐冷	229 以下
	SKD 7	820〜870　徐冷	229 以下
	SKD 8	820〜870　徐冷	262 以下
	SKT 3	760〜810　徐冷	235 以下
	SKT 4	740〜800　徐冷	248 以下
	SKT 6	720〜780　徐冷	285 以下

備考　熱間圧延鋼板及び鋼帯の焼なまし硬さは，受渡当事者間の協定による。

試験片の焼入焼戻し硬さ（JIS G 4404）

区分	種類の記号	熱処理温度 ℃ 焼入れ	熱処理温度 ℃ 焼戻し	焼入焼戻し硬さ HRC
切削工具鋼用	SKS 11	790 水冷	180 空冷	62 以上
	SKS 2	860 油冷	180 空冷	61 以上
	SKS 21	800 水冷	180 空冷	61 以上
	SKS 5	830 油冷	420 空冷	45 以上
	SKS 51	830 油冷	420 空冷	45 以上
	SKS 7	860 油冷	180 空冷	62 以上
	SKS 81	790 水冷	180 空冷	63 以上
	SKS 8	810 油冷	180 空冷	63 以上
耐衝撃工具鋼用	SKS 4	800 水冷	180 空冷	56 以上
	SKS 41	880 油冷	180 空冷	53 以上
	SKS 43	790 水冷	180 空冷	63 以上
	SKS 44	790 水冷	180 空冷	60 以上
冷間金型用	SKS 3	830 油冷	180 空冷	60 以上
	SKS 31	830 油冷	180 空冷	61 以上
	SKS 93	820 油冷	180 空冷	63 以上
	SKS 94	820 油冷	180 空冷	61 以上
	SKS 95	820 油冷	180 空冷	59 以上
	SKD 1	970 空冷	180 空冷	62 以上
	SKD 2	970 空冷	180 空冷	62 以上
	SKD 10	1 020 空冷	180 空冷	61 以上
	SKD 11	1 030 空冷	180 空冷	58 以上
	SKD 12	970 空冷	180 空冷	60 以上
熱間金型用	SKD 4	1 080 油冷	600 空冷	42 以上
	SKD 5	1 150 油冷	600 空冷	48 以上
	SKD 6	1 050 空冷	550 空冷	48 以上
	SKD 61	1 020 空冷	550 空冷	50 以上
	SKD 62	1 020 空冷	550 空冷	48 以上
	SKD 7	1 040 空冷	550 空冷	46 以上
	SKD 8	1 120 油冷	600 空冷	48 以上
	SKT 3	850 油冷	500 空冷	42 以上
	SKT 4	850 油冷	500 空冷	42 以上
	SKT 6	850 油冷	180 空冷	52 以上

【解　説】
炭素工具鋼

焼入性が低く肉厚の大きな工具には適しません。また，焼戻し軟化抵抗が小さいため高速切削には不向きです。これに対し合金工具鋼は，合金元素を加え，工具鋼として必要な性質を向上させています。JISでは，切削用，耐衝撃用，冷間金型用・熱間金型用に分けています。合金元素のW，Cr，Moは焼入性を改善し，Mo，Vは硬い炭化物を形成し耐摩耗性を向上させています。

合金工具鋼の種類と特性
切削用工具鋼

主として0.75～1.50％Cと，5％までのW，0.20～1.00％Crを含むW-Cr鋼です。主に工作機械のバイトや帯のこなど，低速切削用に用いられています。

耐衝撃用工具鋼

タガネ・ポンチなどのような硬さと使用中の耐衝撃用の粘り強さが必要で，HRC53以上の硬さが必要とされています。

金型用工具鋼

ダイス鋼ともいわれ，引き抜き，型抜き，鍛造など金属の塑性加工の成形型材として用いられています。一般的にC量は，0.9～1.5％と比較的多く含有されC以外の元素として，W，V，Moなどが0～10％の広い範囲で含有されています。この鋼は，加工温度により冷間加工用と熱間加工用に大別されています。

冷間加工用　金型に加工後，熱処理をしますが，その熱処理による変形や経年変化が少なく，耐摩耗性が大きいことが必要です。熱処理によって基地に硬いCrの炭化物を微細に分散析出させ耐摩耗性を高めています。Crを多量に含むため，焼入性が大きく大型の製品でも内部まで焼きが入り，空冷でも十分焼きが入ります。

熱間加工用　熱間押出し，鍛造，ダイカストなどの金型に用いられます。加熱・冷却を繰り返しても表面にひび割れが生じにくくするためにC量を減らします。さらに，600℃程度に加熱されても硬さや耐摩耗性を保持し，高温酸化にも耐えるようCr含有量をやや高めたW-Cr-V鋼，Mo-Cr-V鋼が多く用いられています。

08 ばね鋼鋼材を知る

ばね鋼鋼材は，JIS G 4801（ばね鋼鋼材）に規定されています。

【規定内容】

重ね板ばね，コイルばね，トーションバーなど主として熱間形成ばねに使用するばね鋼鋼材については，JIS G 4801（ばね鋼鋼材）に規定されています。主な規定項目は，以下のとおりです。

鋼材の種類

鋼材の種類は 8 種類が規定されています。

種類の記号（JIS G 4801）

種類の記号		摘要
SUP6	シリコンマンガン鋼鋼材	主として，重ね板ばね，コイルばね及びトーションバーに使用する。
SUP7		
SUP9	マンガンクロム鋼鋼材	
SUP9A		
SUP10	クロムバナジウム鋼鋼材	主として，コイルばね及びトーションバーに使用する。
SUP11A	マンガンクロムボロン鋼鋼材	主として，大形の重ね板ばね，コイルばね及びトーションバーに使用する。
SUP12	シリコンクロム鋼鋼材	主として，コイルばねに使用する。
SUP13	クロムモリブデン鋼鋼材	主として，大形の重ね板ばね及びコイルばねに使用する。

製造方法

鋼材は，キルド鋼より製造し，特に指定のない限り，鍛錬成形比 4S 以上に圧延などを行うことが規定されています。

熱間圧延鋼材は，特に指定のない限り圧延のままとすることが規定されています。

冷間圧延鋼材は，熱間圧延鋼材を使用し，熱間圧延後に冷間加工を施して供給する鋼材です。指定によって，冷間引抜き，切削，研削又はこれらを組み合わせて製造することが規定されています。

鋼材の溶鋼分析の方法

JIS G 0320（鋼材の溶鋼分析方法）により分析を行います。溶鋼分析値が示されています（一部を収録）。

化学成分（JIS G 4801）

単位 %

種類の記号	C	Si	Mn	P [a)]	S [a)]	Cu	Cr	Mo	V	B
SUP6	0.56～0.64	1.50～1.80	0.70～1.00	0.030 以下	0.030 以下	0.30 以下	—	—	—	—
SUP7	0.56～0.64	1.80～2.20	0.70～1.00	0.030 以下	0.030 以下	0.30 以下	—	—	—	—
SUP9	0.52～0.60	0.15～0.35	0.65～0.95	0.030 以下	0.030 以下	0.30 以下	0.65～0.95	—	—	—
SUP9A	0.56～0.64	0.15～0.35	0.70～1.00	0.030 以下	0.030 以下	0.30 以下	0.70～1.00	—	—	—
SUP10	0.47～0.55	0.15～0.35	0.65～0.95	0.030 以下	0.030 以下	0.30 以下	0.80～1.10	—	0.15～0.25	—
SUP11A	0.56～0.64	0.15～0.35	0.70～1.00	0.030 以下	0.030 以下	0.30 以下	0.70～1.00	—	—	0.000 5 以上
SUP12	0.51～0.59	1.20～1.60	0.60～0.90	0.030 以下	0.030 以下	0.30 以下	0.60～0.90	—	—	—
SUP13	0.56～0.64	0.15～0.35	0.70～1.00	0.030 以下	0.030 以下	0.30 以下	0.70～0.90	0.25～0.35	—	—

この表に規定のない元素は，溶鋼を仕上げる目的以外に意図的に添加してはならない。
注 [a)] P 及び S の値は，受渡当事者間の協定によってそれぞれ 0.035 % 以下にしてもよい。

その他の規定事項

外観，形状，寸法及びその許容差，脱炭，試験，検査，表示，報告などが規定されています。

【解　説】

ばね鋼は，高弾性限，耐疲労限のものが使用されています。

板状・棒状の素材を熱間加工でばねの形状にしてから，焼入焼戻し熱処理を施して，ばねに適した性能にする熱間成型ばねと，熱間加工と熱処理を施して，ばねに適した性能にしてからばねに成型する冷間加工ばねがあります。

高炭素鋼ばね

自動車，鉄道車両用の重ね板ばねとして多量に使用されています。さらに Si を加え，弾性限や耐疲労限を高めた JIS の SUP6，SUP7 の高 Si，高 Mn 鋼は，自動車用ばねなど広く使用されています。Cr を加えて焼入性・粘り強さを高めた JIS の SUP10 は，衝撃や熱の加わる特殊用途に用いられています。

熱間成型ばね

その製造過程で表面脱炭が起こりやすく，その対策として熱処理後ショットピーニング処理をします。

冷間加工ばね鋼

硬鋼線，ピアノ線，ステンレス鋼線などがあり，ばね成型後に，200 〜 400℃で焼なまし熱処理を施し，ばね性を高めています。主に小型ばねに使用されています。

09 高炭素クロム軸受鋼鋼材を知る

高炭素クロム軸受鋼鋼材は，JIS G 4805（**高炭素クロム軸受鋼鋼材**）に規定されています。

【規定内容】

高炭素クロム軸受鋼鋼材については，JIS G 4805（高炭素クロム軸受鋼鋼材）に規定されています。主な規定項目は，以下のとおりです。

鋼材の種類

鋼材の種類は4種類が規定されています。

化学成分（JIS G 4805）

単位 %

種類の記号	C	Si	Mn	P	S	Cr	Mo
SUJ2	0.95〜1.10	0.15〜0.35	0.50 以下	0.025 以下	0.025 以下	1.30〜1.60	— [d]
SUJ3	0.95〜1.10	0.40〜0.70	0.90〜1.15	0.025 以下	0.025 以下	0.90〜1.20	— [d]
SUJ4	0.95〜1.10	0.15〜0.35	0.50 以下	0.025 以下	0.025 以下	1.30〜1.60	0.10〜0.25
SUJ5	0.95〜1.10	0.40〜0.70	0.90〜1.15	0.025 以下	0.025 以下	0.90〜1.20	0.10〜0.25

注 [a] 不純物としての Ni 及び Cu は，それぞれ 0.25 %を超えてはならない。ただし，線材の Cu は，0.20 %以下とする。
[b] この表に規定のない元素は，受渡当事者間の協定がない限り，溶鋼を仕上げる目的以外に意図的に鋼に添加してはならない。ただし，受渡当事者間の協定によって，この表以外の元素を 0.25 %以下添加してもよい。
[c] 注文者の要求によって鋼材の製品分析を行う場合は，14.1 の試験を行い，この表に対する許容変動値は，JIS G 0321 の表 4 による。
[d] 不純物として SUJ2 及び SUJ3 の Mo は，0.08 %を超えてはならない。

製造方法

鋼材は，溶鋼に真空脱ガス処理を行った**キルド鋼**又は受渡当事者間で協定した方法によるキルド鋼から製造し，さらに圧延，鍛造などによって製造し，特に指定のない限り，切削用の場合には鍛錬成形比 6S 以上，鍛造用の場合には 4S 以上とすることが規定されています。

鋼材は通常，球状化焼きなましを省略できることが規定されています。冷間加工用鋼材は，熱間圧延鋼材又は熱間鍛造鋼材を使用し，冷間加工を施して供給する鋼材で，注文者の指定によって冷間引抜き，切削，研削など，又はこれらの組合せによって製造することが規定されています。

鋼材の溶鋼分析の方法

JIS G 0320（鋼材の溶鋼分析方法）により分析を行います。

その他の規定事項

形状，寸法及びその許容差，外観，全脱炭層深さ，硬さ，顕微鏡組織，マクロ組織，非金属介在物，地きず，試験，検査，表示，報告などが規定されています。

【解　説】

ボールベアリングやローラーベアリングなどに使用される転がり軸受は，高速で繰返し荷重を受けます。それに耐えるための機械強度としては，硬さ，降伏点，靱性が高く，寸法の経年変化が小さく，さらに，転がり疲労による表面剥離がないことが求められます。つまり，耐久性，耐摩耗性が大きいことが必要とされています。

軸受鋼

転がり軸受に使用される鋼を**軸受鋼**といいます。この軸受鋼には，C 0.95～1.10％，Cr 0.90～1.60％の高炭素鋼が用いられます。大径輪などの大型軸受材料には，焼入性をよくするために Mn を 1 ％程度含むもの，それに少量の Mo を加えてさらに焼入性を向上させたものもあります。

軸受の破損

軸受の破損は，その材料の良否に依存し，機械そのものの寿命に大きくかかわります。高精度化にするため，地きず・非金属介在物がほとんど含有しない清浄な鋼を使用する必要があります。ほとんどが真空脱ガス技術により脱酸・脱ガスをして製造された鋼（**キルド鋼**）を使用しています。

破損防止と耐摩耗性向上

軸受鋼は高炭素で，Cr を含有しているので組織中に Cr 炭化物が析出しています。特に Cr 0.9％以上の鋼では，炭化物が結晶粒界に網目状に析出し，それが焼入熱処理時に，変形や割れを起こしやすくなります。その防止と耐摩耗性向上のため，前もって球状化焼なまし熱処理を施し，焼入焼戻し処理を施し，微細な球状 Cr 炭化物を均一に分布させた組織としています。

10 炭素鋼鍛鋼品を知る

炭素鋼鍛鋼品は，JIS G 3201（炭素鋼鍛鋼品）に規定されています。

【規定内容】

一般用として使用する炭素鋼鍛鋼品については，JIS G 3201（炭素鋼鍛鋼品）に規定されています。主な規定項目は，以下のとおりです。

種類の記号

A，Bの区分は，熱処理の相違によります。

種類の記号（JIS G 3201）

種類の記号		熱処理の種類
SI 単 位	（参 考）従来単位	
SF 340 A	SF 35 A	焼なまし，焼ならし又は焼ならし焼戻し
SF 390 A	SF 40 A	焼なまし，焼ならし又は焼ならし焼戻し
SF 440 A	SF 45 A	焼なまし，焼ならし又は焼ならし焼戻し
SF 490 A	SF 50 A	焼なまし，焼ならし又は焼ならし焼戻し
SF 540 A	SF 55 A	焼なまし，焼ならし又は焼ならし焼戻し
SF 590 A	SF 60 A	焼なまし，焼ならし又は焼ならし焼戻し
SF 540 B	SF 55 B	焼入焼戻し
SF 590 B	SF 60 B	焼入焼戻し
SF 640 B	SF 65 B	焼入焼戻し

化学成分

JIS G 0306（鍛鋼品の製造，試験及び検査の通則）により分析を行います。溶鋼分析値が示されています（一部を収録）。

機械的性質

焼なまし，焼ならし又は焼ならし焼戻しを行った鍛鋼品の降伏点，引張強さ，伸び，絞り及び硬さが規定されています。

化学成分（JIS G 3201）

単位　％

C	Si	Mn	P	S
0.60 以下	0.15〜0.50	0.30〜1.20	0.030 以下	0.035 以下

備考　1.　炭素当量は，受渡当事者間の協議によって決めることができる。
　　　2.　化学成分は，表2の範囲内で受渡当事者間の協議によって決めることができる。

焼なまし，焼ならし又は焼ならし焼戻しを行った鍛鋼品の機械的性質（JIS G 3201）

種類の記号	降伏点 N/mm²	引張強さ N/mm²	伸び % 14A号試験片		絞り %		硬さ(¹) HB
			軸方向	切線方向	軸方向	切線方向	
SF 340 A	175 以上	340〜440	27 以上	23 以上	50 以上	38 以上	90 以上
SF 390 A	195 以上	390〜490	25 以上	21 以上	45 以上	35 以上	105 以上
SF 440 A	225 以上	440〜540	24 以上	19 以上	45 以上	35 以上	121 以上
SF 490 A	245 以上	490〜590	22 以上	17 以上	40 以上	30 以上	134 以上
SF 540 A	275 以上	540〜640	20 以上	16 以上	35 以上	26 以上	152 以上
SF 590 A	295 以上	590〜690	18 以上	14 以上	35 以上	26 以上	167 以上

注（¹）同一ロットの鍛鋼品の硬さのばらつきは，HB 30 以下とし，1個の鍛鋼品の硬さのばらつきは，HB 30 以下とする。

焼入焼戻しを行った鍛鋼品の降伏点，引張強さ，伸び，絞り，シャルピー衝撃値及び硬さが規定されています。

【解　説】

炭素鋼鍛鋼品

　一般に SF 材ともいわれその化学成分は，溶鋼分析値一種のみ規定されています。また，鍛造後熱処理を行いその機械的性質が規定されています。熱処理の焼なましでは，鍛造後のひずみ除去が行われ，焼ならしでは，炭化物等が均一に分布し，組織が微細化されます。また，使用目的に応じて焼入焼戻し処理を行います。

焼入焼戻しを行った鍛鋼品の機械的性質 (JIS G 3201)

種類の記号	熱処理時の供試部の直径、厚さ又は軸方向の長さ mm	降伏点 N/mm²	引張強さ[4] N/mm²	伸び % 14A号試験片		絞り %		シャルピー衝撃値 J/cm² 3号試験片		硬さ[3] HB
				軸方向	切線方向	軸方向	切線方向	軸方向	切線方向	
SF 540B	100 未満	335 以上	540〜690	21 以上	17 以上	45 以上	36 以上	59 以上	39 以上	152 以上
	100 以上 250 未満	315 以上		21 以上	17 以上	43 以上	34 以上	59 以上	39 以上	
	250 以上 400 未満	295 以上		20 以上	16 以上	40 以上	32 以上	49 以上	34 以上	
SF 590B	100 未満	360 以上	590〜740	19 以上	15 以上	43 以上	34 以上	49 以上	34 以上	167 以上
	100 以上 250 未満	335 以上		19 以上	14 以上	40 以上	32 以上	49 以上	34 以上	
	250 以上 400 未満	325 以上		18 以上	14 以上	38 以上	30 以上	39 以上	29 以上	
SF 640B	100 未満	390 以上	640〜780	16 以上	11 以上	40 以上	32 以上	39 以上	29 以上	183 以上
	100 以上 250 未満	360 以上		16 以上	11 以上	38 以上	30 以上	39 以上	29 以上	
	250 以上 400 未満	345 以上		15 以上	10 以上	35 以上	28 以上	29 以上	25 以上	

注 [3] 同一ロットの鍛鋼品の硬さのばらつきは,HB 50 以下とし,1個の鍛鋼品の硬さのばらつきは,HB 30 以下とする。
[4] 1個の鍛鋼品の引張強さのばらつきは,100 N/mm² 以下とする。

鍛 造

大別して自由鍛造と型鍛造があり,さらに自由鍛造には,加工温度により熱間鍛造と冷間鍛造があります。

自由鍛造

一対の工具又は金型の間に素材をはさみハンマで打つなどして圧縮変形し,目的の形状に成型する方法です。大型の鍛鋼品に対しては,鍛錬と成型をプレスやハンマで行って素材の機械的性質を改善しています。

型鍛造

金型を用いて素材の全面に外力を加え圧縮変形する方法です。鍛鋼品の小さな突起など,複雑な形状の製品について効率がよく,鍛錬が行われることで粘り強さが増加します。

11 炭素鋼鋳鋼品を知る

炭素鋼鋳鋼品は，JIS G 5101（炭素鋼鋳鋼品）に規定されています。

【規定内容】

炭素鋼鋳鋼品については，JIS G 5101（炭素鋼鋳鋼品）に規定されています。主な規定項目は，以下のとおりです。

種類の記号

種類の記号が規定されています。

種類の記号（JIS G 5101）

種類の記号	適用
SC 360	一般構造用 電動機部品用
SC 410	一般構造用
SC 450	一般構造用
SC 480	一般構造用

備考　遠心力鋳鋼管には，上表の記号の末尾に，これを表す記号 −CF を付ける。
　　　例　SC 410−CF

化学成分

JIS G 0307（鋳鋼品の製造，試験及び検査の通則）により分析を行います。溶鋼分析値が示されています（一部を収録）。

機械的性質

JIS G 0307（鋳鋼品の製造，試験及び検査の通則）により機械試験を行います。降伏点又は耐力，引張強さ，伸び及び絞りが規定されています。

化学成分 (JIS G 5101)

単位 %

種類の記号	C	P	S
SC 360	0.20 以下	0.040 以下	0.040 以下
SC 410	0.30 以下	0.040 以下	0.040 以下
SC 450	0.35 以下	0.040 以下	0.040 以下
SC 480	0.40 以下	0.040 以下	0.040 以下

機械的性質 (JIS G 5101)

種類の記号	降伏点又は耐力 N/mm²	引張強さ N/mm²	伸び %	絞り %
SC 360	175 以上	360 以上	23 以上	35 以上
SC 410	205 以上	410 以上	21 以上	35 以上
SC 450	225 以上	450 以上	19 以上	30 以上
SC 480	245 以上	480 以上	17 以上	25 以上

鋳鋼品の製造方法

JIS G 0307（鋳鋼品の製造，試験及び検査の通則）によります。熱処理として，鋳鋼品は，炉内で各部を均一に加熱し，焼なまし，焼ならし，焼戻し又は焼入焼戻しのいずれかの熱処理を行うことが規定されています。

【解 説】

炭素鋼鋳鋼品

形状が複雑で鍛造や機械加工で製作するのに困難な場合や，それらの製作が多量生産で経済的である場合に製造されています。JIS 規格では 4 種が規定されており，記号 SC の末尾の数字は引張強さ（N/mm²）の最低値です。化学成分は，0.4% 以下の中炭素鋼で一般構造用圧延鋼材（SS）と同様，元素 P，S を除き規定されていません。

鋳造品の熱処理

鋳造時の残留応力除去や樹枝状組織又は偏析で粗大化した組織の微細均質化の

ため熱処理を施します。具体的には，1100～1150℃での拡散焼なましを行い樹枝状組織又は偏析の改善を図ります。

また，焼ならし処理（800～900℃で短時間保持後空冷）では，結晶粒の微細化や組織の標準化を行い，衝撃値などの機械的性質改善を図ります。

12 構造用高張力炭素鋼を知る

構造用高張力炭素鋼は，JIS G 5111（**構造用高張力炭素鋼及び低合金鋼鋳鋼品**）に規定されています。

【規定内容】

構造用高張力炭素鋼については，JIS G 5111（構造用高張力炭素鋼及び低合金鋼鋳鋼品）に規定されています。主な規定項目は，以下のとおりです。

種類の記号

種類の記号が規定されています。

種類の記号（JIS G 5111）

種類の記号	適用
SCC 3	構造用
SCC 5	構造用，耐摩耗用
SCMn 1	構造用
SCMn 2	構造用
SCMn 3	構造用
SCMn 5	構造用，耐摩耗用
SCSiMn 2	構造用（主としてアンカーチェーン用）
SCMnCr 2	構造用
SCMnCr 3	構造用
SCMnCr 4	構造用，耐摩耗用
SCMnM 3	構造用，強靱材用
SCCrM 1	構造用，強靱材用
SCCrM 3	構造用，強靱材用
SCMnCrM 2	構造用，強靱材用
SCMnCrM 3	構造用，強靱材用
SCNCrM 2	構造用，強靱材用

備考　遠心力鋳鋼管には，上表の記号の末尾に，これを表す記号 －CF を付ける。
　　　例　SCC 3－CF

化学成分

JIS G 0307（鋳鋼品の製造，試験及び検査の通則）により分析を行います。溶鋼分析値が示されています（一部を収録）。

化学成分（JIS G 5111）

単位 %

種類の記号	C	Si	Mn	P	S	Ni	Cr	Mo
SCC 3	0.30〜0.40	0.30〜0.60	0.50〜0.80	0.040 以下	0.040 以下	—	—	—
SCC 5	0.40〜0.50	0.30〜0.60	0.50〜0.80	0.040 以下	0.040 以下	—	—	—
SCMn 1	0.20〜0.30	0.30〜0.60	1.00〜1.60	0.040 以下	0.040 以下	—	—	—
SCMn 2	0.25〜0.35	0.30〜0.60	1.00〜1.60	0.040 以下	0.040 以下	—	—	—
SCMn 3	0.30〜0.40	0.30〜0.60	1.00〜1.60	0.040 以下	0.040 以下	—	—	—
SCMn 5	0.40〜0.50	0.30〜0.60	1.00〜1.60	0.040 以下	0.040 以下	—	—	—
SCSiMn 2	0.25〜0.35	0.50〜0.80	0.90〜1.20	0.040 以下	0.040 以下	—	—	—
SCMnCr 2	0.25〜0.35	0.30〜0.60	1.20〜1.60	0.040 以下	0.040 以下	—	0.40〜0.80	—
SCMnCr 3	0.30〜0.40	0.30〜0.60	1.20〜1.60	0.040 以下	0.040 以下	—	0.40〜0.80	—
SCMnCr 4	0.35〜0.45	0.30〜0.60	1.20〜1.60	0.040 以下	0.040 以下	—	0.40〜0.80	—
SCMnM 3	0.30〜0.40	0.30〜0.60	1.20〜1.60	0.040 以下	0.040 以下	—	0.20 以下	0.15〜0.35
SCCrM 1	0.20〜0.30	0.30〜0.60	0.50〜0.80	0.040 以下	0.040 以下	—	0.80〜1.20	0.15〜0.35
SCCrM 3	0.30〜0.40	0.30〜0.60	0.50〜0.80	0.040 以下	0.040 以下	—	0.80〜1.20	0.15〜0.35
SCMnCrM 2	0.25〜0.35	0.30〜0.60	1.20〜1.60	0.040 以下	0.040 以下	—	0.30〜0.70	0.15〜0.35
SCMnCrM 3	0.30〜0.40	0.30〜0.60	1.20〜1.60	0.040 以下	0.040 以下	—	0.30〜0.70	0.15〜0.35
SCNCrM 2	0.25〜0.35	0.30〜0.60	0.90〜1.50	0.040 以下	0.040 以下	1.60〜2.00	0.30〜0.90	0.15〜0.35

機械的性質

JIS G 0307（鋳鋼品の製造，試験及び検査の通則）により機械試験を行い，その降伏点又は耐力，引張強さ，伸び，絞り及び硬さが規定されています。

製造方法

JIS G 0307（鋳鋼品の製造，試験及び検査の通則）によります。熱処理として，鋳鋼品は，炉内で各部を均一に加熱し，焼なまし，焼ならし，焼戻し又は焼入焼戻しのいずれかの熱処理を行うことが規定されています。

その他の規定項目

試験，外観，検査，表示，報告などが規定されています。

機械的性質（JIS G 5111）

種類の記号[1]	熱処理 焼ならし焼戻しの場合 [2]	熱処理 焼入焼戻しの場合 [3]	降伏点又は耐力 N/mm²	引張強さ N/mm²	伸び %	絞り %	硬さ HB
SCC 3A	○	—	265 以上	520 以上	13 以上	20 以上	143 以上
SCC 3B	—	○	370 以上	620 以上	13 以上	20 以上	183 以上
SCC 5A	○	—	295 以上	620 以上	9 以上	15 以上	163 以上
SCC 5B	—	○	440 以上	690 以上	9 以上	15 以上	201 以上
SCMn 1A	○	—	275 以上	540 以上	17 以上	35 以上	143 以上
SCMn 1B	—	○	390 以上	590 以上	17 以上	35 以上	170 以上
SCMn 2A	○	—	345 以上	590 以上	16 以上	35 以上	163 以上
SCMn 2B	—	○	440 以上	640 以上	16 以上	35 以上	183 以上
SCMn 3A	○	—	370 以上	640 以上	13 以上	30 以上	170 以上
SCMn 3B	—	○	490 以上	690 以上	13 以上	30 以上	197 以上
SCMn 5A	○	—	390 以上	690 以上	9 以上	20 以上	183 以上
SCMn 5B	—	○	540 以上	740 以上	9 以上	20 以上	212 以上
SCSiMn 2A	○	—	295 以上	590 以上	13 以上	35 以上	163 以上
SCSiMn 2B	—	○	440 以上	640 以上	17 以上	35 以上	183 以上
SCMnCr 2A	○	—	370 以上	590 以上	13 以上	30 以上	170 以上
SCMnCr 2B	—	○	440 以上	640 以上	17 以上	35 以上	183 以上
SCMnCr 3A	○	—	390 以上	640 以上	9 以上	25 以上	183 以上
SCMnCr 3B	—	○	490 以上	690 以上	13 以上	30 以上	207 以上
SCMnCr 4A	○	—	410 以上	690 以上	9 以上	20 以上	201 以上
SCMnCr 4B	—	○	540 以上	740 以上	13 以上	25 以上	223 以上
SCMnM 3A	○	—	390 以上	690 以上	13 以上	30 以上	183 以上
SCMnM 3B	—	○	490 以上	740 以上	13 以上	30 以上	212 以上
SCCrM 1A	○	—	390 以上	590 以上	13 以上	30 以上	170 以上
SCCrM 1B	—	○	490 以上	690 以上	13 以上	30 以上	201 以上
SCCrM 3A	○	—	440 以上	690 以上	9 以上	25 以上	201 以上
SCCrM 3B	—	○	540 以上	740 以上	9 以上	25 以上	217 以上
SCMnCrM 2A	○	—	440 以上	690 以上	13 以上	30 以上	201 以上
SCMnCrM 2B	—	○	540 以上	740 以上	13 以上	30 以上	212 以上
SCMnCrM 3A	○	—	540 以上	740 以上	9 以上	25 以上	212 以上
SCMnCrM 3B	—	○	635 以上	830 以上	9 以上	25 以上	223 以上
SCNCrM 2A	○	—	590 以上	780 以上	9 以上	20 以上	223 以上
SCNCrM 2B	—	○	685 以上	880 以上	9 以上	20 以上	269 以上

注[1] 記号末尾のAは焼ならし焼戻しを、Bは焼入焼戻しを表す。
[2] 焼ならし温度 850～950 ℃、焼戻温度 550～650 ℃
[3] 焼入温度 850～950 ℃、焼戻温度 550～650 ℃

備考 ○印は、該当する熱処理を示す。

【解　説】
　車両，船舶，橋などの大型のものや，高性能又は軽量化が進んだものに対応した鋼としても構造用高張力炭素鋼が多く使用されています。鋼は一般的に含有C量が増せば機械的強度は増しますが粘り強さが減少する傾向があります。

構造用高張力炭素鋼
　C量を低くし，Mn，Cr，Moなどの合金元素を少量添加して引張強さ，降伏点及び耐力，伸び等の機械的性質を規定しています。引張強さは520 N/mm^{2}以上で溶接性も良好です。

鋳鋼品の熱処理
　鋳造時の残留応力除去や樹枝状組織又は偏析で粗大化した組織の微細均質化のための熱処理を施します。

13 低合金鋼鋳鋼品を知る

低合金鋼鋳鋼品は，JIS G 5111（構造用高張力炭素鋼及び低合金鋼鋳鋼品）に規定されています。

【規定内容】

低合金鋼鋳鋼品については，JIS G 5111（構造用高張力炭素鋼及び低合金鋼鋳鋼品）に規定されています。主な規定項目は，以下のとおりです。

種類の記号

種類の記号が規定されています。

種類の記号（JIS G 5111）

種類の記号	適用
SCC 3	構造用
SCC 5	構造用，耐摩耗用
SCMn 1	構造用
SCMn 2	構造用
SCMn 3	構造用
SCMn 5	構造用，耐摩耗用
SCSiMn 2	構造用（主としてアンカーチェーン用）
SCMnCr 2	構造用
SCMnCr 3	構造用
SCMnCr 4	構造用，耐摩耗用
SCMnM 3	構造用，強靱材用
SCCrM 1	構造用，強靱材用
SCCrM 3	構造用，強靱材用
SCMnCrM 2	構造用，強靱材用
SCMnCrM 3	構造用，強靱材用
SCNCrM 2	構造用，強靱材用

備考　遠心力鋳鋼管には，上表の記号の末尾に，これを表す記号 −CF を付ける。

例　SCC 3−CF

化学成分

JIS G 0307（鋳鋼品の製造，試験及び検査の通則）により分析を行います。溶鋼分析値が示されています（一部を収録）。

化学成分（JIS G 5111）

単位 %

種類の記号	C	Si	Mn	P	S	Ni	Cr	Mo
SCC 3	0.30〜0.40	0.30〜0.60	0.50〜0.80	0.040 以下	0.040 以下	—	—	—
SCC 5	0.40〜0.50	0.30〜0.60	0.50〜0.80	0.040 以下	0.040 以下	—	—	—
SCMn 1	0.20〜0.30	0.30〜0.60	1.00〜1.60	0.040 以下	0.040 以下	—	—	—
SCMn 2	0.25〜0.35	0.30〜0.60	1.00〜1.60	0.040 以下	0.040 以下	—	—	—
SCMn 3	0.30〜0.40	0.30〜0.60	1.00〜1.60	0.040 以下	0.040 以下	—	—	—
SCMn 5	0.40〜0.50	0.30〜0.60	1.00〜1.60	0.040 以下	0.040 以下	—	—	—
SCSiMn 2	0.25〜0.35	0.50〜0.80	0.90〜1.20	0.040 以下	0.040 以下	—	—	—
SCMnCr 2	0.25〜0.35	0.30〜0.60	1.20〜1.60	0.040 以下	0.040 以下	—	0.40〜0.80	—
SCMnCr 3	0.30〜0.40	0.30〜0.60	1.20〜1.60	0.040 以下	0.040 以下	—	0.40〜0.80	—
SCMnCr 4	0.35〜0.45	0.30〜0.60	1.20〜1.60	0.040 以下	0.040 以下	—	0.40〜0.80	—
SCMnM 3	0.30〜0.40	0.30〜0.60	1.20〜1.60	0.040 以下	0.040 以下	—	0.20 以下	0.15〜0.35
SCCrM 1	0.20〜0.30	0.30〜0.60	0.50〜0.80	0.040 以下	0.040 以下	—	0.80〜1.20	0.15〜0.35
SCCrM 3	0.30〜0.40	0.30〜0.60	0.50〜0.80	0.040 以下	0.040 以下	—	0.80〜1.20	0.15〜0.35
SCMnCrM 2	0.25〜0.35	0.30〜0.60	1.20〜1.60	0.040 以下	0.040 以下	—	0.30〜0.70	0.15〜0.35
SCMnCrM 3	0.30〜0.40	0.30〜0.60	1.20〜1.60	0.040 以下	0.040 以下	—	0.30〜0.70	0.15〜0.35
SCNCrM 2	0.25〜0.35	0.30〜0.60	0.90〜1.50	0.040 以下	0.040 以下	1.60〜2.00	0.30〜0.90	0.15〜0.35

機械的性質

JIS G 0307（鋳鋼品の製造，試験及び検査の通則）により機械試験を行い，その降伏点又は耐力，引張強さ，伸び，絞り及び硬さが規定されています。

製造方法

JIS G 0307（鋳鋼品の製造,試験及び検査の通則）によります。熱処理として，鋳鋼品は，炉内で各部を均一に加熱し，焼なまし，焼ならし，焼戻し又は焼入焼戻しのいずれかの熱処理を行うことが規定されています。

その他の規定項目

試験，外観，検査，表示，報告などが規定されています。

機械的性質（JIS G 5111）

種類の記号[1]	熱処理		降伏点又は耐力	引張強さ	伸び	絞り	硬さ
	焼ならし焼戻しの場合 [2]	焼入焼戻しの場合 [3]	N/mm²	N/mm²	%	%	HB
SCC 3A	○	—	265 以上	520 以上	13 以上	20 以上	143 以上
SCC 3B	—	○	370 以上	620 以上	13 以上	20 以上	183 以上
SCC 5A	○	—	295 以上	620 以上	9 以上	15 以上	163 以上
SCC 5B	—	○	440 以上	690 以上	9 以上	15 以上	201 以上
SCMn 1A	○	—	275 以上	540 以上	17 以上	35 以上	143 以上
SCMn 1B	—	○	390 以上	590 以上	17 以上	35 以上	170 以上
SCMn 2A	○	—	345 以上	590 以上	16 以上	35 以上	163 以上
SCMn 2B	—	○	440 以上	640 以上	16 以上	35 以上	183 以上
SCMn 3A	○	—	370 以上	640 以上	13 以上	30 以上	170 以上
SCMn 3B	—	○	490 以上	690 以上	13 以上	30 以上	197 以上
SCMn 5A	○	—	390 以上	690 以上	9 以上	20 以上	183 以上
SCMn 5B	—	○	540 以上	740 以上	9 以上	20 以上	212 以上
SCSiMn 2A	○	—	295 以上	590 以上	13 以上	35 以上	163 以上
SCSiMn 2B	—	○	440 以上	640 以上	17 以上	35 以上	183 以上
SCMnCr 2A	○	—	370 以上	590 以上	13 以上	30 以上	170 以上
SCMnCr 2B	—	○	440 以上	640 以上	17 以上	35 以上	183 以上
SCMnCr 3A	○	—	390 以上	640 以上	9 以上	25 以上	183 以上
SCMnCr 3B	—	○	490 以上	690 以上	13 以上	30 以上	207 以上
SCMnCr 4A	○	—	410 以上	690 以上	9 以上	20 以上	201 以上
SCMnCr 4B	—	○	540 以上	740 以上	13 以上	25 以上	223 以上
SCMnM 3A	○	—	390 以上	690 以上	13 以上	30 以上	183 以上
SCMnM 3B	—	○	490 以上	740 以上	13 以上	30 以上	212 以上
SCCrM 1A	○	—	390 以上	590 以上	13 以上	30 以上	170 以上
SCCrM 1B	—	○	490 以上	690 以上	13 以上	30 以上	201 以上
SCCrM 3A	○	—	440 以上	690 以上	9 以上	25 以上	201 以上
SCCrM 3B	—	○	540 以上	740 以上	9 以上	25 以上	217 以上
SCMnCrM 2A	○	—	440 以上	690 以上	13 以上	30 以上	201 以上
SCMnCrM 2B	—	○	540 以上	740 以上	13 以上	30 以上	212 以上
SCMnCrM 3A	○	—	540 以上	740 以上	9 以上	25 以上	212 以上
SCMnCrM 3B	—	○	635 以上	830 以上	9 以上	25 以上	223 以上
SCNCrM 2A	○	—	590 以上	780 以上	9 以上	20 以上	223 以上
SCNCrM 2B	—	○	685 以上	880 以上	9 以上	20 以上	269 以上

注[1] 記号末尾のAは焼ならし焼戻しを、Bは焼入焼戻しを表す。

[2] 焼ならし温度 850～950 ℃、焼戻温度 550～650 ℃

[3] 焼入温度 850～950 ℃、焼戻温度 550～650 ℃

備考 ○印は、該当する熱処理を示す。

【解　説】
　車両，船舶，橋などの大型のものや，高性能又は軽量化が進んだものに対応した鋼としても，低合金鋼鋳鋼品が多く使用されています。鋼は一般的に含有 C 量が増せば機械的強度は増しますが粘り強さが減少する傾向があります。

低合金鋼鋳鋼品
　C 量を低くし，Mn，Cr，Mo などの合金元素を少量添加して引張強さ，降伏点及び耐力，伸びなどの機械的性質を規定しています。引張強さは 620 N/mm^2 以上で溶接性も良好です。

鋳鋼品の熱処理
　鋳造時の残留応力除去や樹枝状組織又は偏析で粗大化した組織の微細均質化のための熱処理を施します。

14 ねずみ鋳鉄品を知る

ねずみ鋳鉄品は，JIS G 5501（ねずみ鋳鉄品）に規定されています。

【規定内容】

片状黒鉛をもつねずみ鋳鉄品については，JIS G 5501（ねずみ鋳鉄品）に規定されています。JIS では，化学成分は規定されていません。しかし，引張強さにより 6 種類に分類されています。主な規定項目は，以下のとおりです。

種類の記号

鋳鉄品の種類の記号が規定されています。

種類の記号（JIS G 5501）

種類の記号
FC100
FC150
FC200
FC250
FC300
FC350

化学成分

特に必要がある場合は分析試験を行います。

機械的性質

JIS Z 2241（金属材料引張試験方法），JIS Z 2243（ブリネル硬さ試験 − 試験方法）により機械試験を行います。別鋳込みの引張試験強さ及び硬さが規定されています。

別鋳込み供試材の機械的性質（JIS G 5501）

種類の記号	引張強さ N/mm²	硬さ HB
FC100	100以上	201以下
FC150	150以上	212以下
FC200	200以上	223以下
FC250	250以上	241以下
FC300	300以上	262以下
FC350	350以上	277以下

形状・寸法，寸法公差及び質量

鋳鉄品の形状・寸法は，図面又は模型で指定するものとし，寸法公差は，特に指定がない場合は，JIS B 0403（鋳造品－寸法公差方式及び削り代方式）によることが規定されています。

外　観

使用上有害な傷，鋳巣などがないことが規定されています。

製造方法

キュポラ，電気炉，その他，適当な炉で熔解，鋳造することが規定されています。

その他の規定事項

試験，再試験，検査，表示，報告などが規定されています。

【解　説】

ねずみ鋳鉄の機械特性

鋳造性，減衰能，耐食性，切削性などが優れ，さらに機械加工の困難な製品でも経済的に大量生産が可能です。そのため自動車部品，機械部品，工作機械など，一般に広く用いられています。

ねずみ鋳鉄の組織

組織は，フェライトとパーライトが混在した素地に黒鉛が片状に存在するため片状黒鉛鋳鉄ともいわれています。肉厚が薄いほど鋳造後の冷却速度が速く，肉厚によって機械的強度が変化します。それは，素地組織と黒鉛の分布状態やそのサイズにより強度及び他の性質が変化することによります。

ねずみ鋳鉄の熱処理方法

ねずみ鋳鉄は，鋳放しの状態で製品として使用することが多いですが，肉厚の異なる部分の使用上の割れ，変形防止のため，低温焼なまし（510〜570℃）を行い，鋳造時の内部応力除去する場合もあります。

15 球状黒鉛鋳鉄品を知る

球状黒鉛鋳鉄品は，JIS G 5502（球状黒鉛鋳鉄品）に規定されています。

【規定内容】

球状黒鉛鋳鉄品については，JIS G 5502（球状黒鉛鋳鉄品）に規定されています。主な規定項目は，以下のとおりです。

種類の記号

鋳鉄品の種類の記号が規定されています。

種類の記号（JIS G 5502）

別鋳込み供試材による場合	本体付き供試材による場合
FCD 350−22	FCD 400−18A
FCD 350−22L	FCD 400−18AL
FCD 400−18	FCD 400−15A
FCD 400−18L	FCD 500−7A
FCD 400−15	FCD 600−3A
FCD 450−10	
FCD 500−7	
FCD 600−3	
FCD 700−2	
FCD 800−2	

備考1. 種類の記号に付けた文字Lは，低温衝撃値が規定されたものであることを示す。
　　2. 種類の記号に付けた文字Aは，本体付き供試材によるものであることを示す。

化学成分

特に必要がある場合は，分析試験を行います。

機械的性質

JIS Z 2241（金属材料引張試験方法），JIS Z 2242（金属材料のシャルピー衝撃試験方法），JIS Z 2243（ブリネル硬さ試験—試験方法）により機械試験を行い，耐力，引張強さ，伸び及びシャルピー吸収エネルギーが規定されています。

別鋳込み供試材の機械的性質（JIS G 5502）

種類の記号	引張強さ N/mm²	0.2 % 耐力 N/mm²	伸び %	シャルピー吸収エネルギー 試験温度 ℃	3個の平均 J	個々の値 J	参考 硬さ HB	主要基地組織
FCD 350-22	350以上	220以上	22以上	23±5	17以上	14以上	150以下	フェライト
FCD 350-22L	350以上	220以上	22以上	−40±2	12以上	9以上	150以下	フェライト
FCD 400-18	400以上	250以上	18以上	23±5	14以上	11以上	130〜180	フェライト
FCD 400-18L	400以上	250以上	18以上	−20±2	12以上	9以上	130〜180	フェライト
FCD 400-15	400以上	250以上	15以上	—	—	—	130〜180	フェライト
FCD 450-10	450以上	280以上	10以上	—	—	—	140〜210	フェライト
FCD 500-7	500以上	320以上	7以上	—	—	—	150〜230	フェライト＋パーライト
FCD 600-3	600以上	370以上	3以上	—	—	—	170〜270	パーライト＋フェライト
FCD 700-2	700以上	420以上	2以上	—	—	—	180〜300	パーライト
FCD 800-2	800以上	480以上	2以上	—	—	—	200〜330	パーライト又は焼戻しマルテンサイト

本体付き供試材の機械的性質（JIS G 5502）

種類の記号	鋳鉄品の主要肉厚 mm	引張強さ N/mm²	0.2 % 耐力 N/mm²	伸び %	シャルピー吸収エネルギー 試験温度 ℃	3個の平均値 J	個々の値 J	参考 硬さ HB	主要基地組織
FCD 400-18A	30を超え 60以下	390以上	250以上	15以上	23±5	14以上	11以上	120〜180	フェライト
	60を超え 200以下	370以上	240以上	12以上	23±5	12以上	9以上	120〜180	
FCD 400-18AL	30を超え 60以下	390以上	250以上	15以上	−20±2	12以上	9以上	120〜180	フェライト
	60を超え 200以下	370以上	240以上	12以上	−20±2	10以上	7以上	120〜180	
FCD 400-15A	30を超え 60以下	390以上	250以上	15以上	—	—	—	120〜180	フェライト
	60を超え 200以下	370以上	240以上	12以上	—	—	—	120〜180	
FCD 500-7A	30を超え 60以下	450以上	300以上	7以上	—	—	—	130〜230	フェライト＋パーライト
	60を超え 200以下	420以上	290以上	5以上	—	—	—	130〜230	
FCD 600-3A	30を超え 60以下	600以上	360以上	2以上	—	—	—	160〜270	パーライト＋フェライト
	60を超え 200以下	550以上	340以上	1以上	—	—	—	160〜270	

黒鉛球状化率

黒鉛球状化率判定試験を行い，特に注文者の指定がない場合は，80％以上とすることが規定されています。

鋳鉄品の外観

使用上有害な傷，鋳巣などがないことが規定されています。

形状，寸法，削り代及び質量

鋳鉄品の形状・寸法は図面又は模型で指定するものとし，寸法公差及び削り代は，JIS B 0403（鋳造品—寸法公差方式及び削り代方式）により，質量は当事者間協定によることが規定されています。

製造方法

キュポラ，電気炉，その他，適当な炉で熔解し，黒鉛を球状化するための処理を行い，砂型又はこれと同等の熱拡散率をもつ鋳型に鋳造することが規定されています。

その他の規定項目

試験，検査，表示，報告などが規定されています。

【解　説】

球状黒鉛鋳鉄

鋳造時溶湯に Ce，Mg 及び Ca などを添加し基地の析出黒鉛を球状化させたものです。析出黒鉛が球状化すると機械的強さがねずみ鋳鉄などに比べて著しく向上しています。

JIS では，化学成分については別に定められてはいません。基地組織は，FCD350 ～ FCD500 はフェライト，FCD600 ～ FCD800 はパーライトとなっています。

球状黒鉛鋳鉄の材質は，主として基地組織の状態によって決まり，化学成分が同じ溶湯から鋳造しても鋳物の凝固・冷却状況，又は熱処理によって基地組織は変わります。

機械的強さ

　鋳放しのパーライト組織であれば硬鋼に近く、耐力は 0.7 〜 0.8 です。硬さはフェライト地で HB160 〜 170　パーライト地で HB200 〜 270 といわれています。引張強さ、伸び及び硬さの関係では、引張強さが大きくなれば硬さは高くなり伸びは減少する傾向があります。

　鋳造製品で肉厚の異なる部分では、鋳造後の冷却速度の違いにより残留応力が生じます。これは、使用中の割れや変形発生原因にもなるので、残留応力除去焼なまし処理を行います。また、球状黒鉛鋳鉄は、焼入性が良好で表面の硬度高くして耐摩耗性を向上するため高周波焼入れを行うこともあります。

16 オーステンパ球状黒鉛鋳鉄品を知る

オーステンパ球状黒鉛鋳鉄品は，JIS G 5503（オーステンパ球状黒鉛鋳鉄品）に規定されています。

【規定内容】

オーステンパ処理を行った**球状黒鉛鋳鉄品**については，JIS G 5503（オーステンパ球状黒鉛鋳鉄品）に規定されています。主な規定項目は，以下のとおりです。

種類の記号

鋳鉄品の種類の記号が規定されています。

種類の記号（JIS G 5503）

種類の記号
FCAD 900-4
FCAD 900-8
FCAD 1000-5
FCAD 1200-2
FCAD 1400-1

化学成分

特に必要がある場合は，分析試験を行います。

機械的性質

JIS Z 2241（金属材料引張試験方法），JIS Z 2242（金属材料のシャルピー衝撃試験方法），JIS Z 2243（ブリネル硬さ試験—試験方法）により機械試験を行い，耐力，引張強さ，伸び及び硬さが規定されています。

別鋳込み供試材の機械的性質（JIS G 5503）

記号	引張強さ N/mm²	耐力 N/mm²	伸び %	硬さ HB
FCAD 900-4	900以上	600以上	10	—
FCAD 900-8	900以上	600以上	8以上	—
FCAD 1000-10	1 000以上	700以上	5以上	—
FCAD 1200-2	1 200以上	900以上	2以上	341以上
FCAD 1400-1	1 400以上	1 100以上	1以上	401以上

黒鉛球状化率

黒鉛球状化率判定試験を行い，特に注文者の指定がない場合は，80％以上とすることが規定されています。

製造法

オーステンパ処理前の素材は，キュポラ，電気炉，その他適当な炉で熔解し，黒鉛を球状化するための処理を行い，砂型又はこれと同等の熱拡散率を持つ鋳型に鋳造することが規定されています。オーステンパ球状黒鉛鋳鉄品は，鋳放しの状態又は機械加工後の素材でオーステンパ処理を行います。

【解　説】

オーステンパ処理

熱処理前又は加工後の球状黒鉛鋳鉄品をオーステナイト化温度域（840〜900℃）内に加熱保持し，その後，ベーナイト変態温度域（230〜400℃）に保持された塩浴炉，油槽又は流動床炉まで移動急冷し，所定時間保持してから室温まで適当な方法で冷却する処理のことです。

オーステンパ処理による機械的性質

ベーナイト変態温度域までパーライトが出ないよう速い冷却速度で急冷されるため，基地は**ベーナイト組織**となり従来の球状黒鉛鋳鉄品に比べて機械的強度，粘り強さ，疲労強度などの性質が優れており，高強度を必要とする種々の製品に利用されています。

17 熱処理油を知る

熱処理油は，JIS K 2242（熱処理油剤）に規定されています。

【規定内容】

鉄鋼及びその他の熱処理に用いる油剤のうち，鉱油を主成分とする熱処理油については，JIS K 2242（熱処理油剤）に規定されています。

種類

熱処理油の種類が規定されています。

種 類（JIS K 2242）

種類		用途	通称（参考）	相当する ISO 分類名
1種	1号	焼入れしやすい材料[a]の焼入れ用	コールド油	UHA
	2号	焼入れしにくい材料[b]の焼入れ用	コールド油	UHB
2種	1号	120 ℃程度の熱浴焼入れ用	セミホット油	UHC, UHD
	2号	160 ℃程度の熱浴焼入れ用	ホット油	UHE, UHF
3種	1号	油温150 ℃程度の焼戻し用	ー	UHE, UHF
	2号	油温200 ℃程度の焼戻し用	ー	UHG, UHH

注[a] 合金鋼などの材料
[b] 炭素鋼などの材料

品質及び性状

各種の試験を行った際は，規定の品質及び性状に適合し，かつ，通常の使用状態で，人体に影響を及ぼさないものとすることが規定されています。

品質及び性状（JIS K 2242）

種類			冷却性能						安定度	
			油温 80 ℃		油温 120 ℃		油温 160 ℃		粘度比	残留炭素分の増加
			特性温度	800 ℃から400 ℃までの冷却秒数	特性温度	800 ℃から400 ℃までの冷却秒数	特性温度	800 ℃から400 ℃までの冷却秒数		
			℃	秒	℃	秒	℃	秒		質量%
熱処理油	1種	1号	480 以上	5.0 以下	―	―	―	―	1.5 以下	1.5 以下
		2号	580 以上	4.0 以下						2.0 以下
	2種	1号	―	―	500 以上	5.0 以下				
		2号			―	―	600 以上	6.0 以下		
	3種	1号					―	―	1.4 以下	1.5 以下
		2号								
試験方法			6.2						6.3	

種類			動粘度		引火点	燃焼点	水分
			40 ℃	100 ℃			
			mm²/s	mm²/s	℃	℃	質量%
熱処理油	1種	1号	30 以下	―	180 以上	200 以上	0.05 以下
		2号	26 以下		170 以上	190 以上	
	2種	1号	―	20 以下	200 以上	220 以上	0.1 以下
		2号		35 以下	250 以上	280 以上	
	3種	1号		30 以下	230 以上	250 以上	
		2号		50 以下	280 以上	310 以上	
試験方法			6.4		6.5	6.5	6.6

試験方法

主な項目は，以下のとおりです。

① 試料採取方法

② 冷却性能試験方法（A法：表面温度測定法）

③ 冷却性能試験方法（B法：中心温度測定法）

④ 安定度試験方法

⑤ 動粘度試験方法

⑥ 引火点・燃焼点試験方法

⑦ 水分試験方法

その他の規定項目

製品の呼び方，表示，熱処理油の取扱いに関する注意事項などが規定されています。

【解　説】
熱処理における冷却剤
　① 水
　② 水溶性
　③ 油
　④ 塩浴
　⑤ ガス

の5種類があります。この中で焼入冷却剤として最も多く用いられているのが油です。冷却剤で共通していえることは，撹拌と温度管理です。この管理を怠ると各冷却剤の持っている特性は，まったく得られません。

油冷却剤
　使用温度は1種，2種，3種により異なります。
　適正な冷却性能を得るためには，温度管理がポイントです。

冷却曲線とTTT曲線
　被処理品をオーステナイト化から油中に焼入れすると，冷却カーブを描きます。すなわち，蒸気膜段階→沸騰段階→対流段階を経ます。
　この冷却曲線とTTT曲線と重ねるとよく理解できます。沸騰段階は550℃付近の鼻部の臨界区域を速く通過し対流段階では，マルテンサイト変態の危険区域をゆっくり冷却し，急激な膨張変態の影響を軽減します。
　蒸気膜段階から沸騰段階へ移るところを**特性温度**といい，油冷却剤の重要な管理ポイントの一つです。

索引

あ

赤めて冷やす・・・・・・・・・・・・・・・・・・・・ 12
圧子の形状・・・・・・・・・・・・・・・・・・・・・・ 93
油冷却剤・・・・・・・・・・・・・・・・・・・・・・・ 210

え

塩浴軟窒化・・・・・・・・・・・・・・・・・・・・・・ 32

お

黄銅・・・・・・・・・・・・・・・・・・・・・・・・・・・ 82
応力除去焼なまし・・・・・・・・・・・・・・・・ 16
大型目視基準ゲージ・・・・・・・・・・・・・ 101
オーステナイト系
　ステンレス鋼・・・・・・・・・・・・ 164, 165
オーステナイト系
　ステンレス鋼の化学成分・・・・・・・・ 164
オーステンパ球状黒鉛鋳鉄品・・・・・・ 206
オーステンパ球状黒鉛鋳鉄品の
　種類の記号・・・・・・・・・・・・・・・・・・ 206
オーステンパ球状黒鉛鋳鉄品
　（別鋳込み供試材）の機械的性質 ・・ 207
オーステンパ処理・・・・・・・・・・・・・・・ 207
オーステンパ処理による機械的性質　207
温度計による温度測定・・・・・・・・・・・ 112
温度計の校正・・・・・・・・・・・・・・・・・・ 113
温度測定・・・・・・・・・・・・・・・・・・・・・・ 38
温度測定回路の結線・・・・・・・・・・・・・・ 38
温度測定装置・・・・・・・・・・・・・・・・・・・ 38

か

介在物の形状・・・・・・・・・・・・・・・・・・ 50
介在物の種類・・・・・・・・・・・・・・・・・・ 50
介在物の分布・・・・・・・・・・・・・・・・・・ 50
拡散層深さ・・・・・・・・・・・・・・・・ 65, 67
拡散層深さの表示記号・・・・・・・・・・・ 67
化合物層深さ・・・・・・・・・・・・・・ 65, 67
化合物層深さの表示記号・・・・・・・・・ 67
ガス軟窒化加工・・・・・・・・・・・・・・・・ 33
硬さ試験による測定方法・・・・・・ 75, 78
硬さ推移曲線・・・・・・・・ 65, 68, 77, 80
硬さ推移曲線の例・・・・・・・・・・・・・・ 68
硬さ測定原理・・・・・・・・・・・・・・・・・・ 84
硬さ測定点の配置・・・・・・・・・・・・・・ 63
型鍛造・・・・・・・・・・・・・・・・・・・・・・ 187
金型用工具鋼・・・・・・・・・・・・・・・・・ 179
加熱設備の温度許容値・・・・・・・・・・・ 24
加熱炉方式・・・・・・・・・・・・・・・・・・・・ 19
ガラス製温度計・・・・・・・・・・・・・・・ 108
ガラス製温度計による温度測定・・・・ 108

き

機械構造用合金鋼・・・・・・・・・・・・・・ 159
機械構造用合金鋼鋼材の化学成分・・・ 160
機械構造用合金鋼鋼材の種類の記号　159
機械構造用炭素鋼・・・・・・・・・・・・・・ 154
機械構造用炭素鋼鋼材の化学成分・・ 155
基準接点・・・・・・・・・・・・・・・・・・・・・ 143
球状化焼なまし・・・・・・・・・・・・・・・・ 16
球状黒鉛鋳鉄・・・・・・・・・・・・・・・・・ 204
球状黒鉛鋳鉄品・・・・・・・・・・・・・・・ 202
球状黒鉛鋳鉄品の種類の記号・・・・・・ 202

球状黒鉛鋳鉄品（別鋳込み供試材）の
　機械的性質・・・・・・・・・・・・・・・・・・・・ 203
球状黒鉛鋳鉄品（本体付き供試材）の
　機械的性質・・・・・・・・・・・・・・・・・・・・ 203
強酸腐食法・・・・・・・・・・・・・・・・・・・・・・・ 49
強靱鋼・・・・・・・・・・・・・・・・・・・・・・・・・・ 161
局部加熱方法・・・・・・・・・・・・・・・・・・・・・ 34
切欠部・・・・・・・・・・・・・・・・・・・・・・・・・・ 83
キルド鋼・・・・・・・・・・・・・・・・・・・・・・・・ 183
金属材料のシャルピー衝撃試験・・・・・・ 83
金属材料のショア硬さ試験・・・・・・・・・ 91
金属材料のヌープ硬さ試験・・・・・・・・・ 93
金属材料のビッカース硬さ試験・・・・・ 86
金属材料の引張試験・・・・・・・・・・・・・・ 81
金属材料のブリネル硬さ試験・・・・・・・ 84

く

組合せすきまゲージ・・・・・・・・・・・・・・ 126

け

蛍光磁粉・・・・・・・・・・・・・・・・・・・・・・・・ 98
蛍光探傷試験・・・・・・・・・・・・・・・・・・・・ 103
計測特性の許容限界・・・・・・・・・・・・・・ 119
計測特性の最大許容誤差・・・・・・・・・・ 119
結晶粒・・・・・・・・・・・・・・・・・・・・・・・・・・ 44
結晶粒度の顕微鏡試験・・・・・・・・・・・・ 44
結晶粒度の表示・・・・・・・・・・・・・・・・・・ 45
現像剤・・・・・・・・・・・・・・・・・・・・・・・・・ 105

こ

硬化層の測定方法・・・・・・・・・・・・・・・・ 75
硬化層の深さ・・・・・・・・・・・・・・・・・・・・ 63

硬化層深さの決定・・・・・・・・・・・・・・・・ 62
硬化層深さの表示・・・・・・・・・・・・・・・・ 76
硬化層深さの表示記号・・・・・・・・・・・・ 76
合金元素による火花の特徴・・・・・ 70，71
合金工具鋼鋼材・・・・・・・・・・・・・・・・・ 173
合金工具鋼鋼材試験片の
　焼入焼戻し硬さ・・・・・・・・・・・・・・・ 178
合金工具鋼鋼材（切削工具鋼用）の
　化学成分・・・・・・・・・・・・・・・・・・・・・ 175
合金工具鋼鋼材（耐衝撃工具鋼用）の
　化学成分・・・・・・・・・・・・・・・・・・・・・ 175
合金工具鋼鋼材（熱間金型用）の
　化学成分・・・・・・・・・・・・・・・・・・・・・ 176
合金工具鋼鋼材の種類の記号・・・・・・ 174
合金工具鋼鋼材の焼きなまし硬さ・・・ 177
合金工具鋼鋼材（冷間金型用）の
　化学成分・・・・・・・・・・・・・・・・・・・・・ 176
鋼材のマクロ組織の例・・・・・・・・・・・・ 48
高周波方式・・・・・・・・・・・・・・・・・・・・・・ 19
高周波焼入れ・・・・・・・・・・・・・・・・・・・・ 18
高周波焼入硬化層深さ測定・・・・・・・・ 78
高周波焼入焼戻し加工・・・・・・・・・・・・ 17
構造用鋼・・・・・・・・・・・・・・・・・・・・・・・ 156
構造用鋼鋼材の化学成分・・・・・・・・・・ 157
構造用鋼鋼材の種類の記号・・・・・・・・ 156
構造用高張力炭素鋼・・・・・・・・ 191，194
構造用高張力炭素鋼の化学成分・・・・ 192
構造用高張力炭素鋼の機械的性質・・・ 193
構造用高張力炭素鋼の種類の記号・・・ 191
高速度工具鋼・・・・・・・・・・・・・・・・・・・ 172
高速度工具鋼鋼材・・・・・・・・・・・・・・・ 169
高速度工具鋼鋼材の化学成分・・・・・・ 170
高速度工具鋼鋼材の種類の記号・・・・ 169
高速度工具鋼鋼材の焼なまし硬さ・・・ 171
高炭素クロム軸受鋼鋼材・・・・・・・・・・ 183

高炭素クロム軸受鋼鋼材の化学成分　183
高炭素鋼ばね・・・・・・・・・・・・・・・・・・・・ 181
降伏・・・・・・・・・・・・・・・・・・・・・・・・・・・・・ 82
降伏応力・・・・・・・・・・・・・・・・・・・・・・・・ 82
小型目視基準ゲージ・・・・・・・・・・・・・ 201

さ

サーミスタ・・・・・・・・・・・・・・・・・・・・・ 146
最高最低温度計・・・・・・・・・・・・・・・・ 109
最小保持時間・・・・・・・・・・・・・・・・・・・ 34
最大測定長・・・・・・・・・・・・・・・・・・・・ 116
最低保持温度・・・・・・・・・・・・・・・・・・・ 34
サルファプリント試験・・・・・・・・・・・・ 57

し

シース測温抵抗体・・・・・・・・・・・・・・ 144
シース熱電対・・・・・・・・・・・・ 147, 148
シース熱電対の種類・・・・・・・・・・・・ 147
磁化器の保守管理・・・・・・・・・・・・・・・ 99
地きずの肉眼試験・・・・・・・・・・・・・・・ 52
軸受鋼・・・・・・・・・・・・・・・・・・・・・・・・ 184
軸受の破損・・・・・・・・・・・・・・・・・・・・ 184
試験力の範囲・・・・・・・・・・・・・・・・・・・ 86
指示模様・・・・・・・・・・・・・・・・・・・・・・ 103
実用脱炭層深さ・・・・・・・・・・・・・・・・・ 56
実用窒化層深さ・・・・・・・・・・・・・・・・・ 68
実用窒化層深さの表示記号・・・・・・・ 66
磁粉検査方法・・・・・・・・・・・・・・・・・・・ 53
磁粉探傷試験・・・・・・・・・・・・・・・・・・・ 98
磁粉探傷試験に用いられる磁粉・・・・・ 98
磁粉探傷試験の検出媒体・・・・・・・・・ 98
磁粉探傷試験の装置・・・・・・・・・・・・・ 98
磁粉の適用・・・・・・・・・・・・・・・・・・・・・ 99

シャルピー衝撃試験・・・・・・・・・・・・・ 83
シャルピー衝撃試験機の試験片・・・ 136
シャルピー衝撃値・・・・・・・・・・・・・・・ 83
自由鍛造・・・・・・・・・・・・・・・・・・・・・・ 187
充満式温度計・・・・・・・・・・・・・・・・・・ 112
ショア硬さ試験・・・・・・・・・・・・・・・・・ 91
ショア硬さ試験機・・・・・・・・・・・・・・・ 91
ショア硬さ試験機の検証・・・・・・・・ 133
ショア硬さ測定方法・・・・・・・・・・・・・ 73
衝撃試験・・・・・・・・・・・・・・・・・・・・・・・ 83

す

水洗性浸透液・・・・・・・・・・・・・・・・・・ 105
すきまゲージ・・・・・・・・・・・・・・・・・・ 125
すきまゲージの軸方向に対する反り　125
ステンレス鋼・・・・・・・・・・・・・・・・・・ 162

せ

青熱破壊試験方法・・・・・・・・・・・・・・・ 52
赤外線ガス分析計・・・・・・・・・・・・・・ 151
析出硬化系ステンレス鋼・・・・・・・・ 165
絶縁管・・・・・・・・・・・・・・・・・・・・・・・・ 142
絶縁抵抗形・・・・・・・・・・・・・・・・・・・・ 138
絶縁抵抗計（指針形）の
　　定格測定電圧・・・・・・・・・・・・・・ 138
絶縁抵抗計（指針形）の
　　有効最大表示値・・・・・・・・・・・・ 138
絶縁抵抗計（ディジタル形）の
　　定格測定電圧・・・・・・・・・・・・・・ 138
絶縁抵抗計（ディジタル形）の
　　有効最大表示値・・・・・・・・・・・・ 138
絶縁抵抗の測定・・・・・・・・・・・・・・・・ 139
切削用工具鋼・・・・・・・・・・・・・・・・・・ 179

全硬化層深さ･････････････ 64	炭素鋼鋳鋼品の種類の記号･･････ 188
染色浸透探傷試験････････････ 103	

そ

測温接点････････････････ 143	

ち

測温接点の記号･･････････ 148	窒化････････････････････ 28
測温接点の形状･･････････ 148	窒化加工･･････････････････ 28
測温抵抗体･･････････ 144, 146	窒化処理･･････････････････ 29
	窒化設備･･････････････････ 28
	窒化層表面硬さ測定････････ 73

た

	窒化層深さ････････････････ 65
	窒化層深さ測定････････････ 65
	窒化層深さの表示記号･･･････ 66
耐衝撃用工具鋼････････････ 179	鋳鋼品の製造方法･･････････ 189
ダイス鋼････････････････ 179	鋳鋼品の熱処理･･････ 194, 198
ダイヤルゲージ････････････ 118	鋳造品の熱処理･･････････ 189
ダイヤルゲージの主要寸法･････ 118	調質･････････････････ 22, 158
脱炭現象･････････････････ 55	直定規･･･････････････････ 22
脱炭層･･･････････････････ 56	直定規の使用面の真直度及び高さの
脱炭層深さ測定･････････････ 54	不同････････････････ 123
単光束分析計の構成･･････････ 152	直定規の使用面と側面との直角度･･･ 123
探傷剤･･････････････････ 103	直定規の寸法････････････ 123
鍛造････････････････････ 187	直定規の寸法精度･････････ 122
炭素鋼･････････････････ 162	直角測定法･･･････････････ 54
炭素工具鋼･･････････････ 168	
炭素工具鋼鋼材･･････････ 166	

て

炭素工具鋼鋼材の種類の記号及び	
化学成分････････････････ 166	定格測定電圧････････････ 138
炭素工具鋼鋼材の焼なまし硬さ ･･･ 167	抵抗温度計･･････････････ 146
炭素鋼鍛鋼品････････････ 185	低合金鋼鋳鋼品･･････ 195, 198
炭素鋼鍛鋼品の化学成分･･････ 186	低合金鋼鋳鋼品の化学成分･････ 196
炭素鋼鍛鋼品の機械的性質･････ 186	低合金鋼鋳鋼品の機械的性質･････ 197
炭素鋼鍛鋼品の種類の記号･････ 185	低合金鋼鋳鋼品の種類の記号･････ 195
炭素鋼鋳鋼品････････････ 188	低合金鋼の火花スケッチ･････ 72
炭素鋼鋳鋼品の化学成分･････ 189	低炭素鋼････････････････ 154
炭素鋼鋳鋼品の機械的性質･････ 189	鉄鋼の高周波焼入焼戻し加工材料の

種類・・・・・・・・・・・・・・・・・・・・・・・・・18
鉄鋼の高周波焼入焼戻し加工の種類
　及び記号・・・・・・・・・・・・・・・・・・・・17
鉄鋼の浸炭窒化加工の種類及び記号・・26
鉄鋼の浸炭焼入焼戻し加工材料の
　種類・・・・・・・・・・・・・・・・・・・・・・・・・24
鉄鋼の浸炭焼入焼戻し加工の種類及び
　記号・・・・・・・・・・・・・・・・・・・・・・・・・23
鉄鋼の窒化加工材料の種類・・・・・・・・・29
鉄鋼の窒化加工の種類及び記号・・・・・・28
鉄鋼の窒化層表面硬さ測定・・・・・・・・・73
鉄鋼の窒化層深さ測定・・・・・・・・・・・・・65
鉄鋼の軟窒化加工材料の種類・・・・・・・・32
鉄鋼の軟窒化加工の種類及び記号・・・・31
鉄鋼の焼入焼戻し加工材料の種類・・・・21
鉄鋼の焼入焼戻し加工の種類及び
　記号・・・・・・・・・・・・・・・・・・・・・・・・・20
鉄鋼の焼なまし加工材料の種類・・・・・・14
鉄鋼の焼なまし加工の種類及び記号・・13
鉄鋼の焼ならし加工材料の種類・・・・・・11
鉄鋼の焼ならし加工の種類及び記号・・10
点算法による顕微鏡試験方法・・・・・・・・50

と

等温焼なまし・・・・・・・・・・・・・・・・・・・15
特性温度・・・・・・・・・・・・・・・・・・・・・210
特定残炭率脱炭層深さ・・・・・・・・・・・・・56
トレーサビリティ・・・・・・・・・・・・・・127

な

斜め測定法・・・・・・・・・・・・・・・・・・・・・54
軟化焼なまし・・・・・・・・・・・・・・・・・・・16

ぬ

ヌープ硬さ試験・・・・・・・・・・・・・・・・・93
ヌープ硬さ試験機・・・・・・・・・・・・・・134
ヌープ硬さ試験機の検証・・・・・・・・・134
ヌープ硬さ試験の記号及びその内容・・94
ヌープ硬さ試験の原理・・・・・・・・・・・・93
ヌープくぼみ・・・・・・・・・・・・・・・・・・・93
ヌープ表面硬さ測定方法・・・・・・・・・・73

ね

ねずみ鋳鉄の機械特性・・・・・・・・・・・200
ねずみ鋳鉄の組織・・・・・・・・・・・・・・・201
ねずみ鋳鉄の熱処理方法・・・・・・・・・・201
ねずみ鋳鉄品・・・・・・・・・・・・・・・・・・199
ねずみ鋳鉄品の種類の記号・・・・・・・・199
ねずみ鋳鉄品（別鋳込み供試材）の
　機械的性質・・・・・・・・・・・・・・・・・・・200
熱間圧延鋼材・・・・・・・・・・・・・・・・・・180
熱電対素線の線径・・・・・・・・・・・・・・・141

の

ノギス・・・・・・・・・・・・・・・・・・・・・・・120
ノッチ・・・・・・・・・・・・・・・・・・・・・・・・83
ノルマ・テンパー・・・・・・・・・・・・・・・12

は

バイメタル式温度計・・・・・・・・・・・・・112
鋼の高周波焼入硬化層深さ測定・・・・・78
鋼のサルファプリント試験・・・・・・・・57
鋼の地きず試験方法の種類・・・・・・・・・52

鋼の地きず試験方法の適用の目的 ···· 52
鋼の地きずの肉眼試験 ··········· 52
鋼の浸炭硬化層深さ測定 ·········· 62
鋼の脱炭層深さ測定 ············· 54
鋼の非金属介在物の試験 ·········· 50
鋼の火花試験 ··················· 69
鋼の炎焼入硬化層深さ測定 ········ 75
鋼のマクロ組織試験 ············· 47
鋼の焼入性試験 ················· 59
鋼の焼入装置 ··················· 59
白金測温体 ··················· 144
白金測温抵抗体 ················ 146
白金測温抵抗体の許容差 ········· 144
白金測温抵抗体の種類 ··········· 144
バッチ式箱形加熱設備の保持温度
　測定位置 ···················· 41
ばね鋼鋼材 ··················· 180
ばね鋼鋼材の化学成分 ··········· 181
ばね鋼鋼材の種類の記号 ········· 180

ひ

光高温計 ····················· 111
光高温計による温度測定 ········· 110
非蛍光磁粉 ···················· 99
ビッカース硬さくぼみの位置 ······ 87
ビッカース硬さ試験 ············· 86
ビッカース硬さ試験機 ··········· 129
ビッカース硬さ試験機の検証 ····· 129
ビッカース硬さ試験の原理 ········ 86
ビッカース硬さ測定方法 ·········· 73
ビッカース硬さの試験力の範囲 ···· 86
引張試験 ······················ 81
引張強さ ······················ 82
火花試験 ······················ 70

火花特性図 ···················· 70
火花の形状 ···················· 69
火花の名称 ···················· 69
表面硬さ測定 ·············· 73, 90

ふ

フェライト系ステンレス鋼 ········ 164
フェライト脱炭層深さ ············ 56
負荷試験 ······················ 38
複光束分析計の構成 ············ 152
プラズマ熱処理 ················· 43
ブリネル硬さ試験 ················ 84
ブリネル硬さ試験機 ············· 127

へ

ベーナイト組織 ················ 207
ベックマン温度計 ··············· 109

ほ

ボイド（孔） ··················· 27
放射温度計による温度測定方法 ··· 111
棒状温度計 ··················· 108
保護管 ······················· 142
保護管付熱電対の外形 ··········· 142
保護管付熱電対の寸法 ··········· 141
保護管付熱電対の端子 ··········· 142
保持温度 ······················ 38

ま

マイクロビッカース ·············· 88
マイクロビッカース硬さ試験 ······· 88

217

マイクロメータ・・・・・・・・・・・・・・・・・・・ 116
マクロ組織試験による測定方法・・・・・・ 62
マルテンサイト系ステンレス鋼・・・・・ 164

む

無負荷試験・・・・・・・・・・・・・・・・・・・・・・・ 38

も

目視基準ゲージ・・・・・・・・・・・・・・・・・・ 100

や

焼入れ・・・・・・・・・・・・・・・・・・・・・・・・・・・ 22
焼入温度・・・・・・・・・・・・・・・・・・・・・・・・・ 60
焼入性曲線・・・・・・・・・・・・・・・・・・・・・・ 158
焼入性図表・・・・・・・・・・・・・・・・・・・・・・・ 60
焼入焼戻し加工・・・・・・・・・・・・・・・・・・・ 20
焼入冷却設備・・・・・・・・・・・・・・・・・・・・・ 24
焼なまし加工・・・・・・・・・・・・・・・・・・・・・ 13
焼ならし温度・・・・・・・・・・・・・・・・・・・・・ 60
焼ならし加工・・・・・・・・・・・・・・・・・・・・・ 10
焼戻し・・・・・・・・・・・・・・・・・・・・・・・・・・・ 22
焼戻し加熱設備・・・・・・・・・・・・・・・・・・・ 25

ゆ

有効加熱帯・・・・・・・・・・・・・・・・・・・・・・・ 38
有効加熱帯の温度測定・・・・・・・・・・・・・ 40
有効加熱帯の判定・・・・・・・・・・・・・・・・・ 40
有効硬化層の限界硬さ・・・・・・・・ 77, 79
有効硬化層深さ・・・・・・・・・ 64, 76, 79
有効最大表示値・・・・・・・・・・・・・・・・・・ 138
有効処理帯試験・・・・・・・・・・・・・・・・・・・ 42

有効処理帯の判定・・・・・・・・・・・・・・・・・ 42
誘導加熱・・・・・・・・・・・・・・・・・・・・・・・・・ 18

よ

溶剤除去性浸透液・・・・・・・・・・・・・・・・ 105
溶接後の熱処理方法・・・・・・・・・・・・・・・ 34
横掛最低温度計・・・・・・・・・・・・・・・・・・ 109

ら

ラインペア・・・・・・・・・・・・・・・・・・・・・・ 100
ラインペア値・・・・・・・・・・・・・・・・・・・・ 100

り

リーフ・・・・・・・・・・・・・・・・・・・・・・・・・・ 125
リーフの形状・寸法・・・・・・・・・・・・・・ 126
リーフの種類・・・・・・・・・・・・・・・・・・・・ 126
硫化物の分布状況の分類及び記号・・・・ 58

れ

冷間圧延鋼材・・・・・・・・・・・・・・・・・・・・ 180
冷間加工ばね鋼・・・・・・・・・・・・・・・・・・ 182
冷却曲線・・・・・・・・・・・・・・・・・・・・・・・・ 210
冷却剤・・・・・・・・・・・・・・・・・・・・・・・・・・ 210
冷却剤の温度許容差・・・・・・・・・・・・・・・ 21
冷却剤の使用温度許容差・・・・・・・・・・・ 21

ろ

ロックウェル硬さ試験・・・・・・・・・・・・・ 89
ロックウェル硬さ試験機・・・・・・・・・・ 131
ロックウェル硬さ試験機の検証・・・・ 131

ロックウェル硬さのスケール・・・・・・・・89
ロックウェルスーパーフィシャル 15N
　表面硬さ測定方法・・・・・・・・・・・・・・・73
ロックウェルスーパーフィシャル硬さの
　スケール・・・・・・・・・・・・・・・・・・・・・・・89
ロックウェルスケールの検証に用いる
　硬さ範囲・・・・・・・・・・・・・・・・・・・・・132
炉内加熱方法・・・・・・・・・・・・・・・・・・・34

熱処理技術関係収録 JIS 一覧

加工方法

JIS B 6901（1998）：金属熱処理設備-有効加熱帯及び有効処理帯試験方法
JIS B 6905（1995）：金属製品熱処理用語
JIS B 6911（1999）：鉄鋼の焼ならし及び焼なまし加工
JIS B 6912（2002）：鉄鋼の高周波焼入焼戻し加工
JIS B 6913（1999）：鉄鋼の焼入焼戻し加工
JIS B 6914（2010）：鉄鋼の浸炭及び浸炭窒化焼入焼戻し加工
JIS B 6915（1999）：鉄鋼の窒化及び軟窒化加工
JIS Z 3700（2009）：溶接後熱処理方法

試験方法・測定方法

JIS B 6901（1998）：金属熱処理設備-有効加熱帯及び有効処理帯試験方法
JIS G 0553（2008）：鋼のマクロ組織試験方法
JIS G 0556（1998）：鋼の地きずの肉眼試験方法
JIS G 0557（2006）：鋼の浸炭硬化層深さ測定方法
JIS G 0558（2007）：鋼の脱炭層深さ測定方法
JIS G 0559（2008）：鋼の炎焼入及び高周波焼入硬化層深さ測定方法
JIS G 0560（2008）：鋼のサルファプリント試験方法
JIS G 0561（2011）：鋼の焼入性試験方法（一端焼入方法）
JIS G 0562（1993）：鉄鋼の窒化層深さ測定方法
JIS G 0563（1993）：鉄鋼の窒化層表面硬さ測定方法
JIS G 0566（1980）：鋼の火花試験方法
JIS Z 2242（2012）：金属材料のシャルピー衝撃試験方法
JIS Z 2243（2008）：ブリネル硬さ試験-試験方法
JIS Z 2244（2009）：ビッカース硬さ試験-試験方法
JIS Z 2245（2011）：ロックウェル硬さ試験-試験方法
JIS Z 2251（2009）：ヌープ硬さ試験-試験方法
JIS Z 2320-1（2007）：非破壊試験-磁粉探傷試験-第1部：一般通則
JIS Z 2340（2002）：目視基準ゲージを用いた浸透探傷試験及び磁粉探傷試験の目視観察条件の確認方法
JIS Z 8705（1992）：ガラス製温度計による温度測定方法
JIS Z 8706（1980）：光高温計による温度測定方法

試験機・測定器

JIS B 7502（1994）：マイクロメータ
JIS B 7503（2011）：ダイヤルゲージ
JIS B 7507（1993）：ノギス
JIS B 7514（1977）：直定規
JIS B 7524（2008）：すきまゲージ
JIS B 7724（1999）：ブリネル硬さ試験-試験機の検証
JIS B 7725（2010）：ビッカース硬さ試験-試験機の検証及び校正
JIS B 7726（2010）：ロックウェル硬さ試験-試験機の検証及び校正
JIS B 7740（1999）：シャルピー振子式衝撃試験-試験機の検証用基準試験片
JIS C 1302（2002）：絶縁抵抗計
JIS C 1602（1995）：熱電対
JIS C 1604（1997）：測温抵抗体
JIS C 1605（1995）：シース熱電対
JIS C 1610（2012）：熱電対用補償導線
JIS K 0151（1983）：赤外線ガス分析計

加工材料

JIS G 0561（2011）：鋼の焼入性試験方法（一端焼入方法）
JIS G 3201（1988）：炭素鋼鍛鋼品
JIS G 4051（2009）：機械構造用炭素鋼鋼材
JIS G 4052（2008）：焼入性を保証した構造用鋼鋼材（H鋼）
JIS G 4053（2008）：機械構造用合金鋼鋼材
JIS G 4303（2012）：ステンレス鋼棒
JIS G 4311（2011）：耐熱鋼棒及び線材

JIS G 4313（2011）：ばね用ステンレス鋼帯
JIS G 4317（2005）：熱間成形ステンレス鋼形鋼
JIS G 4401（2009）：炭素工具鋼鋼材
JIS G 4403（2006）：高速度工具鋼鋼材
JIS G 4404（2006）：合金工具鋼鋼材
JIS G 4801（2011）：ばね鋼鋼材
JIS G 4805（2008）：高炭素クロム軸受鋼鋼材
JIS G 5101（1991）：炭素鋼鋳鋼品
JIS G 5111（1991）：構造用高張力炭素鋼及び低合金鋼鋳鋼品
JIS G 5501（1995）：ねずみ鋳鉄品
JIS G 5502（2001）：球状黒鉛鋳鉄品
JIS G 5503（1995）：オーステンパ球状黒鉛鋳鉄品
JIS K 2242（2012）：熱処理油剤

著者略歴

山方 三郎（やまがた さぶろう）

1944年秋田県生まれ。1968年に秋田大学鉱山学部冶金学科を卒業後，熱処理装置の製造，熱処理加工事業を展開するオリエンタルエンヂニアリング株式会社に入社。熱処理装置の研究開発や加工技術責任者として活躍。1998年より取締役社長を務める。2006年に同社を退職，同年，山方技術士事務所を開設。技術コンサルタントとして活動するほか，高度職業能力開発促進センターでの講師も務めている。

JIS逆引きリファレンス　熱処理技術

定価：本体2,500円（税別）

2013年2月19日　第1版第1刷発行

著　者	山方　三郎	
発行者	田中　正躬	
発行所	一般財団法人　日本規格協会	

〒107-8440　東京都港区赤坂4丁目1-24
http://www.jsa.or.jp/
振替　00160-2-195146

印刷所　株式会社ディグ
制　作　株式会社エディトリアルハウス

© Saburou Yamagata 2013　　　　　Printed in Japan
ISBN978-4-542-30429-1

- 当会発行図書，海外規格のお求めは，下記をご利用ください．
  営業サービスユニット：(03)3583-8002
  書店販売：(03)3583-8041　注文FAX：(03)3583-0462
  JSA Web Store：http://www.webstore.jsa.or.jp/
- 落丁，乱丁の場合は，お取替えいたします．
- 内容に関するご質問は，本書に記載されている事項に限らせていただきます．書名及びその刷数と，ご質問の内容（ページ数含む）に加え，氏名，ご連絡先を明記のうえ，メール（メールアドレスはカバーに記しています）又はFAX（03-3582-3372）にてお願いいたします．電話によるご質問はお受けしておりませんのでご了承ください．